塑料薄膜
无溶剂复合

陈昌杰　编著

化学工业出版社

·北京·

本书在概略地介绍塑料软包装材料和塑料软包装材料常用复合工艺的基础上，分别对无溶剂复合设备、无溶剂胶黏剂以及无溶剂复合工艺作了详细的论述，并对无溶剂复合进行了综合评价，具有较强的系统性和较大的实用性。

本书以塑料软包装行业的工程技术人员和机长以上的高级技工为主要对象，也可供塑料软包装相关的科研、生产、应用单位的科技工作者参考或者作为大专院校塑料软包装材料相关专业的参考教材。

图书在版编目（CIP）数据

塑料薄膜无溶剂复合/陈昌杰编著. —北京：化学
工业出版社，2016.6
ISBN 978-7-122-26706-1

I.①塑… Ⅱ.①陈… Ⅲ.①塑料薄膜-复合加工
Ⅳ.①TQ320.72

中国版本图书馆 CIP 数据核字（2016）第 070764 号

责任编辑：夏叶清　　　　　　　　文字编辑：孙凤英
责任校对：边　涛　　　　　　　　装帧设计：韩　飞

出版发行：化学工业出版社（北京市东城区青年湖南街 13 号　邮政编码 100011）
印　　装：北京天宇星印刷厂
710mm×1000mm　1/16　印张 13　字数 248 千字　2016 年 6 月北京第 1 版第 1 次印刷

购书咨询：010-64518888　　　　　售后服务：010-64518899
网　　址：http://www.cip.com.cn
凡购买本书，如有缺损质量问题，本社销售中心负责调换。

定　　价：58.00 元　　　　　　　　　　　　　　版权所有　违者必究

　　无溶剂复合，在生产过程中没有任何有毒有害物质的产生，且具有节约能源、节约资源的特点，是一种典型的"绿色包装"工艺，同时它与我国塑料软包装领域中的主流复合工艺——干法复合相比，还有产品成本低、市场竞争力强的优势；无溶剂复合工艺，原则上可以考虑应用于干法复合的所有产品，潜在应用领域十分宽广，是一种值得大力倡导的复合工艺。

　　自20世纪80年代初无溶剂复合工艺引入我国之后，经过了一个漫长而艰辛的发展过程，经过了三十余年的时间，积累了丰富的失败与成功的经验，生产工艺日臻完善，为无溶剂工艺的推广应用创造了良好的条件，特别是近年来国内无溶剂复合设备及无溶剂黏合剂等配套产业的快速发展，给无溶剂复合的发展提供了有力的支撑，为无溶剂工艺的发展插上了坚强的翅膀。自2010年之后，无溶剂复合在我国得到了井喷式的发展，每年新增无溶剂复合生产线的数量，均在100台套以上，相当于过去近三十年新增无溶剂生产线的总和的3倍，形势喜人。然而尽管近年来无溶剂复合得到了高速的发展，在干法复合生产线与无溶剂复合生产线的总和中，无溶剂复合生产线所占比例仍然很低，尚不足10%，存在巨大的发展空间。

　　我国塑料软包装行业历来以干法复合为主导复合工艺，不少同仁，特别是量大面广的中小企业的同仁，对无溶剂复合知之甚少，甚至毫无所知。这种局面，对于推动塑料软包装行业的创新驱动转型发展的工作极为不利，迫切地需要加强无溶剂复合工艺的宣传推广工作，为此笔者编写了这本专著。

　　本书在对塑料软包装领域中行业中各种常用软包装材料及常用软包装材料用复合工艺介绍的基础上，对无溶剂复合设备、无溶剂胶黏剂、无溶剂复合工艺作了较为全面而简明的论述，并对无溶剂复合工艺作出了综合评价。希望本书的出版，对于推动塑料软包装的发展，起到积极的作用。

　　在本书的编写过程中，广州通泽机械有限公司的总经理左光申高级工程师、上海康达化工新材股份有限公司的复合事业部副总经理於亚丰、上海康达化工新材股份有限公司的赵有中高级工程师、中包联塑料委专家委员会副主任杨涛高级工程师等朋友除对本书的文稿提出了许多宝贵的意见之外，还为本书的编写提供了许多极具参考价值的技术资料，在此对朋友们的支持与帮助表示衷心的感谢。

鉴于编著者水平所限，书中缺点在所难免，不当之处，希望广大读者予以批评指正。

编著者

2015 年 10 月 15 日于上海

◆ 目 录 ◆

第三章　无溶剂复合设备　　⬤**90**

第一章

塑料软包装材料

第一节　塑料软包装材料基础

一、何谓塑料软包装材料

塑料软包装材料通常指塑料薄膜及软质膜状复合材料。

塑料软包装材料，具有"塑料包装材料"和"质地柔软"两大特征，首先它作为一种包装材料，具有保护商品、方便储运、促进消费的基本功能，它是塑料类材质（或者主要含塑料类材质）的材料，同时它还具有柔软的特征。需要着重指出的是，按照"塑料包装材料"和"质地柔软"两个基本特征，塑料编织袋理所当然地应当属于塑料软包装材料之列，但由于塑料编织袋品种比较单一且应用量十分庞大，人们把它单列出来，成为"塑料编织袋"的一个类别，不被归入塑料软包装材料之中。

二、塑料软包装材料的分类

塑料软包装材料按其层的结构不同，可大体分为两大类，即单层塑料薄膜和塑料复合薄膜。

1. 单层塑料薄膜

单层塑料薄膜是由一种塑料（或塑料的掺混料）生产的塑料薄膜，其特点是质地均匀，为单层结构。

2. 塑料复合薄膜

塑料复合薄膜是由多种不同的塑料（这里讲的多种不同的塑料，包括同种树脂、含不同助剂的塑料）生产且呈现为多层结构的薄膜。按其结构的不同，塑料复合薄膜有如下几个大类。

（1）**塑-塑类复合薄膜**　塑-塑类复合薄膜是一种典型的塑料复合薄膜，薄膜完全由塑料组成，各层的材质均为塑料。开发塑-塑类复合薄膜首要目的，是利用不同塑料性能上的差异与互补性，改善薄膜的性能与使用效果；比如利用对氧阻隔性较好的尼龙与阻隔水蒸气较好的聚烯烃相搭配生产复合薄膜，所得到的多层复合薄膜 PE//PA//PE，既有较好阻隔氧气的性能，又有具有良好的防潮性。在保有复合薄膜高性能的同时，降低生产成本也常常是开发塑-塑类复合薄膜的一个目标；例如利用茂金属聚乙烯与普通聚乙烯共挤出，生产复合型热封基材，得到的复合基材具有与茂金属薄膜相当的热封性能，其配方成本明显低于茂金属聚乙烯薄膜。

(2) 纸-塑类复合薄膜 纸-塑类复合薄膜也是一种应用较为广泛的塑料复合薄膜，与塑-塑类塑料复合薄膜不同，它除了塑料材质之外，还含有纸层材料。这种材料的开发应用常常是为了赋予纸质包装材料良好的防潮性以及可热封性；同时该类复合薄膜，较之普通塑料薄膜，还具有较好的印刷性、刚性及遮光性能等。

(3) 含金属层及非金属无机物层的复合薄膜 含金属层及非金属无机物层的复合薄膜，指含有金属箔或者含有金属镀层、氧化铝镀层、氧化硅镀层等无机物涂层的复合薄膜。众所周知，塑料包装材料的重大缺陷之一是它对氧气、水蒸气、香味成分等低分子物质的阻隔性，明显地低于金属、玻璃等包装材料。在复合薄膜中，置以金属层及非金属无机物层之后，能够明显地改善塑料软包装材料的阻隔性，从而大幅度地延缓商品在储存、运输时的腐败变质，延长商品的货架期。

三、塑料软包装材料的主要优势

1. 品种繁多，性能各异，使用面广

经过一百来年的发展，常用塑料已发展到数十种之多，加上每种塑料的不同牌号，已工业化的塑料品种可谓成百上千，再通过复合工艺的种种组合，可以生产出多种性能完全不同的塑料软包装材料（比如高阻隔的塑料复合薄膜与高透过性的塑料薄膜），满足实际使用的各种需要。

2. 节约资源显著

塑料软包装材料是膜状材料，多以包装袋的形式使用，袋子仅仅使用少量的材料，即可获得巨大的容量空间，因此塑料软包装材料较之硬质容器等包装材料，可以大幅度地节约物质资源，从而也节约了生产过程中能源的耗费。

3. 价格低廉，市场竞争力强

塑料软包装节约资源的巨大优势，自然也在降低生产成本方面得到明显的体现。成本的降低，对于增强塑料软包装材料的市场竞争能力提供了有力的支撑，这是塑料软包装材料生产规模日益扩大、应用日趋广泛的一个极为重要原因。

第二节　包装用塑料薄膜综述

　　塑料薄膜是塑料软包装材料的主体，也是塑料软包装材料中应用最多的品种。塑料薄膜有单膜及复合薄膜两种形态；同一种薄膜在许多情况下既可以以单一的形态直接使用，也可作为复合薄膜的基材使用，情况错综复杂。因此，本节拟以塑料的类别为主线，对塑料软包装领域常用的薄膜作综合的介绍，其中不仅包括单膜，也涉及一些复合薄膜。希望通过本节提供的材料，使读者对常见塑料包装薄膜，有一个概括的了解。

一、聚乙烯类薄膜

　　聚乙烯薄膜是当前使用量最多、应用面最广、最为重要的塑料薄膜之一，它常常直接用于商品包装，也大量用来作为复合薄膜的基材。

（一）聚乙烯类薄膜的一般特性

　　聚乙烯类薄膜的一般特性可简要归纳如下：

　　① 具有良好的力学性能。聚乙烯薄膜的拉伸强度一般均在10MPa以上，部分品级可达20MPa以上，同时聚乙烯薄膜还具有良好的抗撕裂、抗冲击性，足以满足一般商品的包装以及农用薄膜等大宗应用的需要。

　　② 具有广泛的使用温度范围。聚乙烯薄膜具有十分优良的耐低温性，可在零下40℃以下的低温条件下长期使用，而且具有较好的耐热性，即使耐热性低的低密度聚乙烯薄膜，其长期使用温度也在60℃以上，耐热性较好的高密度聚乙烯薄膜，可承受100℃沸煮、甚至120℃蒸煮的灭菌消毒处理。

　　③ 抗水、防潮性能优良且有一定的阻氧、耐油性。聚乙烯薄膜是塑料薄膜中抗水、防潮性能最优良的品种之一，其抗水、防潮性能仅低于聚偏氯乙烯薄膜等少数品种，而高于大多数塑料薄膜，因此聚乙烯薄膜，除了以单膜的形式使用之外，还常常作为复合薄膜的防潮层使用。

　　④ 热封合性能优良。聚乙烯类塑料薄膜，普遍具有良好的热封合性能，可以采用便捷、价廉的热封合工艺，将薄膜制成袋状产品，供包装使用；由于聚乙烯薄膜具有优良的热封合性能，因而常常作为复合薄膜的热封层使用。

　　⑤ 化学稳定性好。除了少数几种强氧化性酸之外，聚乙烯薄膜对常见的各种酸、碱、盐及多种化学物质均具有很强的抗御能力。

　　⑥ 卫生性能优良。聚乙烯本身无毒、无臭、无味，卫生性能可靠。在应用助剂及生产条件严格控制的情况下，可以生产出卫生安全性符合食品、药物包装要求的聚乙烯薄膜。

　　聚乙烯薄膜性能上的局限：

　　① 对于氧气、二氧化碳等非极性气体渗透的阻隔性较差。由于聚乙烯薄膜

的阻氧性差，采用聚乙烯薄膜包装加工食品等需要隔氧储藏的商品，保存效果欠佳，因此在包装需要隔氧储藏的商品方面的应用，必须使用聚乙烯薄膜与阻隔性薄膜的复合制品。

② 聚乙烯薄膜对食用油、汽油、苯、二甲苯等有机溶剂的阻隔性较差，不宜用于包装这类物质以及含有这类物质的商品。

③ 耐候性能不足。聚乙烯树脂作为一种聚烯烃结构，虽然其耐紫外线的性能明显地优于聚丙烯薄膜，但是其耐紫外线性能在塑料薄膜中仍属于较差的，但只要采用耐老化配方，其耐候性差的缺点可以得到很好的克服。

(二) 聚乙烯树脂对聚乙烯薄膜的性能的影响

聚乙烯树脂的性能，是决定聚乙烯薄膜性能的首要因素。薄膜用聚乙烯树脂有低密度聚乙烯、高密度聚乙烯、线型低密度聚乙烯、茂金属聚乙烯、双峰聚乙烯等，以各种树脂为原料的塑料薄膜，性能上分别表现出各自不同的特点。

1. 低密度聚乙烯薄膜（LDPE 薄膜）

(1) 应用温度范围较广 LDPE 薄膜推荐使用温度在 $-60 \sim 60^{\circ}\text{C}$ 之间，它虽然不适于在蒸煮等高温条件下使用，但在冷藏、冷冻等条件下使用是十分有利的。

(2) 较好的热封合性能 LDPE 薄膜用普通加热组件，通过热焊的方法即能方便而可靠地热封制袋，因此它除单独作为包装薄膜使用之外，亦常作为复合薄膜的热封层使用，但需要引起注意的是在热封合薄膜的表面有异物（夹杂物）存在时，LDPE 薄膜的热封性较差。

(3) 透明性较好 LDPE 薄膜中透明性优良的品级，其透光率可达 80% 或更高，雾度可降低到 5% 左右。LDPE 薄膜是聚乙烯薄膜中透明度最好的品种，可用于商品的销售包装，对商品提供甚佳的展示效果；但 LDPE 薄膜与 PP 薄膜等高透明薄膜相比，其透明性还是比较差的。在对聚乙烯薄膜的透明性有特别要求时，应考虑选取透明性好的品级，制膜时采用骤冷（水冷下吹法或流延法）制膜，这样可望制得透光率近 90%、雾度在 5% 以下的高透明 LDPE 薄膜。

(4) 强度较差 LDPE 薄膜是 PE 薄膜中强度较差的品种，其主要应用是轻包装袋，用于各种商品的销售包装，如服装、纺织品、各种日用小商品、冷藏冷冻食品等。当采用高子量（低熔体流动速率）品级的 LDPE 为原料时，也可以生产强度较高的薄膜（例如拉伸强度在 20MPa 以上的 LDPE 薄膜），而且由于 LDPE 的柔软性，可以做成厚度较大的薄膜。因此，过去曾采用 LDPE 薄膜制造塑料粒子等化工产品使用的重包装袋，但由于薄膜的厚度大（厚度高达 200μm 左右）、耗用原料较多，因而成本较高，目前在这方面的应用已不多见。

2. 高密度聚乙烯薄膜（HDPE 薄膜）

HDPE 薄膜较 LDPE 薄膜，具有如下特性：

① 使用温度范围更广。HDPE 既可作冷冻食品包装，又能应用于需要承受煮沸灭菌处理（耐 100℃沸腾加热）甚至 120℃蒸煮处理的包装袋。

② 具有较高的机械强度。HDPE 薄膜是聚乙烯类包装薄膜中强度最好的品种，其拉伸强度可达 LDPE 包装薄膜的 2 倍以上（拉伸强度可达 20MPa 以上），因此采用 HDPE 制包装薄膜时，可降低厚度，从而减少单耗，降低成本。

③ 具有极好的防潮性及较好的耐油性。HDPE 薄膜是常用包装薄膜中阻隔水蒸气性能最好的品种；其耐油性虽不及尼龙等阻隔型薄膜，但在聚乙烯类薄膜中则属最佳品种。

④ HDPE 包装薄膜的透明性明显低于 LDPE 包装薄膜。由于 HDPE 包装薄膜的透明性较差，影响了它在许多包装领域中的应用，然而当需要薄膜具有遮光性（不具透明性）时，则可在 HDPE 中加入较少的遮光剂（如二氧化钛、炭黑）而得到半透明或不透明的薄膜。

⑤ HDPE 包装薄膜的刚性较好，柔软性较差。由于柔软性差，薄膜厚度受到限制，HDPE 包装薄膜的最大厚度（极限值）为 0.10mm。

3. 线型低密度聚乙烯薄膜（LLDPE 薄膜）

LLDPE 薄膜由线型低密度聚乙烯制得。线型低密度聚乙烯，实际上是乙烯与丁烯、己烯、辛烯等 α-烯烃的共聚体，由于共聚物中 α-烯烃的含量很少（5% 以下），因此通常人们均把它归入聚乙烯中，同时由于这类聚合物的密度在低密度（中、低密度）聚乙烯范围之内，且分子结构的分枝明显地低于普通低密度聚乙烯，主链上的分枝较短，分子链的结构具有较强的线性，故称为线型低密度聚乙烯。由于线型低密度聚乙烯组成及大分子的结构与普通聚乙烯不同，赋予了它许多性能上的特点。

LLDPE 薄膜的优点主要可列举如下：

① LLDPE 薄膜的机械强度较高。LLDPE 的机械强度高于低密度聚乙烯，介于普通高密度聚乙烯与低密度聚乙烯之间，接近于高密度聚乙烯。

② LLDPE 薄膜的抗穿刺强度、抗撕裂传播强度高，耐应力开裂性能突出。

③ LLDPE 薄膜的热封合性能明显地优于高密度聚乙烯及普通的低密度聚乙烯，具有良好的夹杂物可封合性（封合面有异物存在时也有较好的热封性能）及较高的热封合强度。

LLDPE 薄膜的主要缺点是透明性较差。

在线型低密度聚乙烯中，因共聚单体 α-烯烃的不同，性能上有较大的差异，其中，以辛烯（即 C_8）类线型低密度聚乙烯性能最佳、己烯（即 C_6）类线型低密度聚乙烯性能次之、丁烯（即 C_4）类线型低密度聚乙烯性能最差。

4. 茂金属聚乙烯薄膜（mPE 薄膜）

茂金属聚乙烯（mPE）是聚乙烯中，在 20 世纪 90 年代工业化的一类新品种，它也是乙烯与少量 α-烯烃的共聚物，但与前面所介绍的 LLDPE 不同，它是以茂金属化合物为催化剂制得的高分子化合物。茂金属催化剂的应用，使制得的聚乙烯大分子，较之一般 LLDPE 的大分子有更高的结构规整性，因而表现出更佳的物理力学性能。

茂金属聚乙烯薄膜，较之一般的 LLDPE 表现出更好的抗穿刺性、更高的强度，因此使用 mPE 生产的薄膜可以将薄膜做得更薄，达到节约原料、降低成本的效果。

mPE 薄膜较之一般 LLDPE 具有更佳的热封合性能（包括良好的夹杂物可封合性、较高的热封合强度以及较低的起始热封合温度、较宽的封合温度范围等），因而在替代昂价的 EEA、离子型聚合物等热黏合性树脂作为复合薄膜的热封层方面的应用，具有更高的实用价值。除上述外，mPE 薄膜较之一般 LLDPE 具有更高的使用温度，也是一个明显的优点。

由于茂金属聚乙烯是乙烯与 α-烯烃的共聚体，共聚成分 α-烯烃（丁烯、己烯、辛烯等），对茂金属聚乙烯性能亦有重大的影响：和 LLDPE 相似，共聚成分 α-烯烃的分子链越长，茂金属聚乙烯的性能越好，辛烯（即 C_8）类茂金属聚乙烯性能最佳、己烯（即 C_6）类茂金属聚乙烯性能次之、丁烯（即 C_4）类茂金属聚乙烯性能更差。

5. 双峰聚乙烯薄膜

双峰聚乙烯也是聚乙烯中的一个较新的品种，双峰聚乙烯是北欧化工采用特定催化剂、利用特殊工艺开发出的一种新型聚乙烯树脂，其密度范围跨度较大，涵盖了高、中、低密度的整个区间；双峰聚乙烯的最大的特点是分子量的分布有两个明显的峰值（普通聚乙烯包括普通的高密度聚乙烯、中密度聚乙烯、低密度聚乙烯以及线型低密度聚乙烯、茂金属聚乙烯等，分子量的分布只有一个峰值），故称为双峰聚乙烯树脂。双峰聚乙烯表现出许多与其他聚乙烯不同的特点，例如加工（吹膜）性能极佳、耐应力开裂性能突出、机械强度高等，此外还具有气味低、卫生性能佳的优点。利用双峰聚乙烯强度高的特点，可以将薄膜做得很薄，因此它在薄膜类产品中的应用具有重大的意义，可以在保持原有使用功能的前提下，节约 $15\% \sim 20\%$ 的原料耗用量。

部分双峰聚乙烯薄膜的性能，见表 1-1[1]。

表 1-1　部分双峰聚乙烯薄膜的性能

性能	典型值	树脂 ML2202	MH702	MH602	ML2502	MM2002
拉伸强度/MPa	纵向	50	100	75	40	50
	横向	35	90	55	25	40
拉伸屈服强度/MPa	纵向	—	—	—	—	—
	横向	13	34	29	12	17
断裂伸长率/%	纵向	600	350	350	400	550
	横向	900	350	550	700	800
拉伸模量/MPa	纵向	250	—	700	200	350
	横向	300	—	800	250	450
撕裂强度/N	纵向	3	0.1	0.1	2	2
	横向	7	0.5	1.0	6	10
落镖冲击强度/g		300	400	300	200	300
抗穿透力/N		60	—	70		70
抗穿透能/J		5	—	1.5		5
热黏力/N		2.5				2.5
光泽度/%		15	—			10
浊度/%		65	—			80
密度/(kg/m³)		923	955	946	923	931
熔体流动速率/(g/10min)						
190℃,2.16kg		0.2				0.25
190℃,5kg		0.9		0.2		1.0
190℃,21.6kg		20	7.0	6	25	22
(北星双峰相应牌号)		FB2230	FB1550	FB1460	FB2239	FB2310

　　茂金属类双峰聚乙烯，较之普通双峰聚乙烯具有更佳的性能。

　　双峰聚乙烯薄膜的一个比较明显的缺点是浊度大、透明差。

(三)　由复配物生产的聚乙烯薄膜

　　聚乙烯属于性能均衡的高分子化合物，既有良好的成型加工性，又具有良好的物理机械性能，原则上可以不使用助剂而直接生产塑料制品，包括薄膜制品；但为了求得更佳的技术、经济效果，实际生产中，人们在生产聚乙烯制品时，通常不采用纯聚乙烯树脂，而使用聚乙烯的各种复配物生产各种制品，其中包括各种聚乙烯的复配物、聚乙烯与各种助剂的复配物，以及通过在各种聚乙烯的复配物中添加各种助剂制备的复配物，等等。

　　聚乙烯薄膜应用较多的复配物如下所列。

1. 不同聚乙烯树脂的复配物

不同聚乙烯树脂的复配物，在薄膜类产品中应用较多的是线型低密度聚乙烯与低密度聚乙烯的掺混物、茂金属聚乙烯与低密度聚乙烯的掺混物以及双峰聚乙烯与低密度聚乙烯的掺混物等。

(1) 线型低密度聚乙烯与低密度聚乙烯的掺混物 前面提到，线型低密度聚乙烯薄膜较之低密度聚乙烯薄膜，在物理力学性能上，具有一系列的优点。但LLDPE 性能上有两个明显的缺陷：其一是 LLDPE 树脂的成膜性能较差，其熔体在低剪切应力下、黏度较低，高剪切应力下、黏度较高，因此采用通用设备生产 LLDPE 薄膜时，不仅动力消耗大、产量低且成膜时容易出现熔体破裂和薄膜表面毛糙（即所谓鲨鱼皮现象）；其二是薄膜的透明性较差，不能满足许多特定使用的需求。通过 LLDPE 和 LDPE 树脂间的合理匹配，在 LLDPE 树脂中，加入 20%～30%（质量分数，下同）的 LDPE，即可获得良好的成型加工性能（接近于 LDPE 的良好的成型加工性能），而且所生产的薄膜既能基本上保持 LLDPE 薄膜原来具有的优良物理力学性能，又能明显地改善 LLDPE 薄膜透明性差的缺点；另外，如果在 LDPE 中加入 20%～30% 的 LLDPE，可在基本上保持 LDPE 的良好的成型加工性能情况下，明显地提高薄膜的力学性能。

(2) 茂金属聚乙烯与低密度聚乙烯的掺混物 茂金属聚乙烯薄膜具有较普通 LLDPE 薄膜更为优良的物理力学性能，但在成膜时同样存在动力消耗大、产量低且成膜时容易出现熔体破裂和薄膜表面毛糙，且成膜性能较 LLDPE 树脂更差，将 mPE 与 LDPE 树脂掺混使用，也是改善茂金属聚乙烯成膜性能常用的有效方法之一；茂金属聚乙烯与低密度聚乙烯的掺合，也可以明显地改善聚乙烯薄膜的透明性，产生出接近于 LDPE 薄膜透明性的薄膜。

生产薄膜时，茂金属聚乙烯中低密度聚乙烯的掺入量，一般也在 20%～30%之间。

(3) 双峰聚乙烯与低密度聚乙烯的掺混物 在双峰聚乙烯中掺入适量的低密度聚乙烯，可以在保持双峰聚乙烯较高机械强度和优良成型加工性能的情况下，明显地改善聚乙烯薄膜的透明性，制得透明性接近于普通低密度聚乙烯的薄膜。

2. 聚乙烯与各种助剂的配用

聚乙烯本身具有较好的综合性能，原则上可以不使用助剂而单独应用，生产薄膜和各种塑料制件，但在生产实践中，人们总是喜欢在聚乙烯及聚乙烯复配物中，配入各种不同的助剂以获得更佳的效果。比较常用的具有代表性的应用举例如下：

(1) 聚乙烯与抗氧化剂的配用 抗氧化剂是聚乙烯最为重要、使用最多的助剂之一。在聚乙烯中加入抗氧化剂，可以有效地抑制聚乙烯的氧化反应，明显地提高聚乙烯成型加工时的热稳定性，改善聚乙烯薄膜的性能。目前聚乙烯所使用的抗氧剂以无色透明、毒性较小的酚类抗氧剂为主，如抗氧剂1010，抗氧剂264等，抗氧剂的用量因薄膜品种、应用环境以及抗氧剂品种的不同而异，一般在万分之几到千分之几的范围内。

抗氧剂目前已成为聚乙烯的一种最为基础的助剂之一，几乎所有牌号的聚乙烯，树脂生产企业在制造聚乙烯的过程中，都已经加入了足够数量的抗氧剂，可满足成膜过程中，防止聚乙烯在高温下氧化变质的需要，除了一些特殊的应用以外（例如长效农膜），薄膜生产过程中，不必再添加抗氧剂。

（2）聚乙烯与开口剂的配用　开口剂是聚乙烯薄膜、特别是聚乙烯类包装薄膜最常用的助剂之一。开口剂的作用是使两层薄膜容易揭开，使薄膜袋容易开口而不致产生黏闭现象。人们一般采用微细的无机粉状物质（比如二氧化硅）作开口剂，开口剂的作用机理是通过微细粉末在薄膜表面的存在，使薄膜的表面呈现凹、凸不平的状态，当两层薄膜相接触时，不会十分密切地贴合在一起，从而便于分开。

开口剂的粒径通常控制在 $5\mu m$ 左右，如果粒径过粗，虽然有良好的开口效果，但会导致薄膜表面毛糙、薄膜透明性下降等弊病；相反，如果开口剂的粒径过细，薄膜表面的凹凸程度不足，不能起到良好的开口效果。开口剂的配用量，一般在千分之几即可，应用量过多，对于进一步改善薄膜开口效果的作用不大，而且有可能导致透明性下降等副作用，是不可取的。

薄膜专用级聚乙烯树脂，一般均已加入开口剂，如果对于薄膜的开口性能没有特殊的要求，可以不再添加开口剂。在对薄膜开口性有特殊要求的情况下（例如为了获得高透明性而采用下吹水冷工艺生产聚乙烯薄膜时，特别容易产生黏闭现象），这时可适当补充开口剂。

（3）聚乙烯与爽滑剂的配用　包装用聚乙烯薄膜，为了调节薄膜表面的摩擦系数（适当降低薄膜的摩擦系数），常常配用爽滑剂。聚乙烯薄膜的爽滑剂常采用酰胺类物质，如油酸酰胺、芥酸酰胺、N-亚乙基双硬脂酸酰胺等。适量爽滑剂的加入，不仅能调节薄膜的摩擦系数，而且在薄膜爽滑性的提高的同时，对于改善薄膜的开口性，也有一定的效果，但需要引起注意的是爽滑剂的配用量，必须严格加以控制，如用量过多，反而会因爽滑剂的超标应用，降低薄膜的开口性；另外，爽滑剂的应用（特别是爽滑剂的量较多时），可能降低薄膜后续复合加工带来麻烦，例如使复合薄膜的层间黏合强度大幅度下降。

（4）聚乙烯与着色剂的配用　着色剂也是聚乙烯薄膜经常使用的助剂之一。包装用薄膜配入着色剂，通常是为了薄膜的美化或者标识作用的需要；对于农、地膜，还可以起到除草（黑色地膜）、防止蚜虫（银色地膜）以及促进作物生长等功效。

由于聚乙烯类树脂，可能产生着色剂的迁移问题，因此，聚乙烯薄膜采用的着色剂必须使用颜料类物质而不可应用染料类着色剂，否则会产生着色剂的迁移问题，对此要有足够的重视[2]。

（5）**聚乙烯与抗静电剂的配用** 聚乙烯属于高绝缘性树脂，聚乙烯薄膜与其他物质摩擦时，容易产生静电。静电的存在，对聚乙烯薄膜的应用可能带来许多问题，例如用聚乙烯薄膜袋盛装粉状物料时，由于静电作用，粉末料被吸附到袋口处，使袋口热封强度下降甚至完全失去热封性；又如当采用聚乙烯薄膜袋包装集成电路之类的电气元、组件时，被包装物可能由于静电击穿而破坏。在聚乙烯中配入抗静电剂，可防止静电的产生。目前聚乙烯使用的抗静电剂主要有两类物质：一类是导电类填料（如高导电炭黑）；另一类是表面活性剂。前者的抗静电性不受空气湿度的影响，表面电阻稳定，但这类抗静电剂的配用量较多，对薄膜的外观（如色泽、透明性等）影响较大。后者配用量较少，对薄膜的外观影响较小，但配入后聚乙烯的表面电阻的下降幅度有限，而且其表面电阻会明显地受空气湿度的影响，当空气湿度高时，薄膜的表面电阻较低；当空气的湿度低时，薄膜的表面电阻则会升高。

（6）**聚乙烯与增黏剂的配用** 生产缠绕薄膜时，需要薄膜的表面具有足够的黏性。在聚乙烯中配入增黏剂，是增加薄膜表面黏性的有效途径，目前聚乙烯缠绕薄膜的工业化生产中，广泛地采用配用增黏剂的方法。低分子类聚异丁烯，是聚乙烯缠绕薄膜目前应用最多的增黏剂。由于低分子聚异丁烯是高黏稠状液体，它与聚乙烯树脂混合后的复配物，很难直接喂入挤出机的料筒中，需要在设备上增加强制加料装置，或者使用聚异丁烯的母料，作为增黏剂。

（7）**聚乙烯与抗紫外线剂的配用** 聚乙烯的耐光性仅属一般性，聚乙烯薄膜长期在室外使用时，或者为了防止紫外线进入塑料薄膜袋的内部导致食品等商品的破坏时，往往需要配入一定数量的抗紫外线剂。根据作用机理的不同，抗紫外线剂主要有紫外线屏蔽剂（如炭黑）和紫外线吸收剂（如 UV-327）两大类，目前应用得比较多的是紫外线吸收剂。为了获得良好的效果，紫外线吸收剂常常和抗氧剂配合使用。

（8）**聚乙烯与防锈剂的配用** 聚乙烯中配入气相防锈剂所制得的防锈薄膜，在使用过程中防锈剂逐渐从薄膜中析出，充斥于由聚乙防锈薄膜制得的薄膜袋中，从而保护袋内金属制品免遭锈蚀的危害。采用防锈薄膜包装金属制品，不必使用油脂类的防锈剂加以防护，兼具清洁、便捷的优点。

（9）**聚乙烯与"加工助剂"的配用** 前面已经提到，聚乙烯中的 LLDPE、mPE 存在成膜性能较差的缺陷，加入加工助剂，是改善它们成膜性能的有效方法。LLDPE、mPE 薄膜生产中，常采用低分子氟聚合物作为加工助剂。加入 0.5%～1.0% 的低分子量的氟聚合物以后，聚乙烯熔体在高剪切应力下的黏度下降，熔体和料筒、螺杆之间的摩擦力下降，挤出过程中的熔体破裂和成品薄膜的表面糙化现象消失，薄膜表面光洁度与透明度明显改善，同时还会因为成膜时挤出机的主机负荷降低，从而达到节约能量耗费的效果。

（10）聚乙烯与填料的配用　与聚乙烯配用生产聚乙烯薄膜的填料，主要是碳酸钙。使用适当的偶联剂和合理的加工工艺，可以在加入大量填料的情况下（填料配用量可达30%或更高，最高可达60%～70%），制得强度良好的聚乙烯薄膜。配入填料以后，聚乙烯薄膜的外观性能下降（透明性明显下降，表面较粗糙），但高填料含量的聚乙烯薄膜，具有节约石化资源的效果，同时具有良好的环境保护适应性，其燃烧热较低，废弃物燃烧时不会因热量的过分集中而损坏焚烧炉，因此高填料聚乙烯薄膜，在垃圾袋等产品方面的应用得到人们的青睐。

聚乙烯与各种助剂配用时，为了获得良好的分散效果而又省却熔融挤出造粒工序，工业生产中常采用经过预分散处理所制得的各种助剂的高浓缩母料（通常简称母料），而不使用纯助剂。由于塑料薄膜对助剂的分散性的要求较其他塑料制品要高得多，因此，母料在塑料薄膜的生产中具有十分重要的意义，应用也十分普遍。使用母料时，母料在成膜前与聚乙烯粒料混合均匀后直接加入到挤出机中即可，具有使用方便、分散效果良好、降低成本的多重效果，但母料的配方或应用不当，也可能因母料中的某些分散剂、载体等低分子物质在成膜过程中于口模处析出，使薄膜出现纵向条纹状缺陷，或者由于母料中的低分子物质引起薄膜强度下降、热封合性能下降等弊病，对此需要引起注意。

（四）成膜工艺对聚乙烯薄膜性能的影响

聚乙烯薄膜，可以采用吹塑成膜法和流延成膜法生产。在吹塑成膜法中，大量采用上吹（空气冷却）法生产，除此之外，也有采用下吹（水环冷却）法生产的。不仅生产工艺的不同，对于薄膜的性能、生产成本等均会产生有重大的影响，而且生产工艺条件的不同，也可能对聚乙烯薄膜的性能产生明显的影响。下面简单地介绍成膜工艺对聚乙烯薄膜性能的影响。

1. 聚乙烯吹塑薄膜

吹塑法生产的聚乙烯薄膜，是聚乙烯薄膜中产量最大、应用面最广的品种。聚乙烯吹塑薄膜的吹塑工艺对于聚乙烯薄膜的性能也可能造成很大的影响，例如成膜时适当提高熔体温度，可以使薄膜的透明性改善、冲击强度提高；又如成膜时吹胀比增大，薄膜的冲击强度提高、横向拉伸强度增加、横向撕裂强度降低，同时还可以使横向收缩率增加，当吹胀比足够大时，可以制得横向收缩率达40%以上的热收缩薄膜。

采用下吹法生产的聚乙烯薄膜时，由于采用冷水通过水环直接冷却聚乙烯熔体，冷却效果好、冷却速度快，所制得的薄膜结晶度较低、结晶球晶尺寸较小，因而下吹法生产的聚乙烯薄膜的透明性要明显地优于上吹法制得的聚乙烯薄膜，但其开口性要明显地低于上吹法制得的聚乙烯薄膜，为了克服下吹法生产的聚乙烯薄膜开口性差的缺点，必须预先在聚乙烯中配入足够的开口剂与爽滑剂。

这里所介绍的聚乙烯吹塑薄膜的特征，仅就一般情况而言。近年来，由于内冷却技术及双风环装置、在线测厚及反馈自控技术的应用，新型聚乙烯薄膜上吹生产线所生产的聚乙烯薄膜，在透明性或者厚度均匀性方面，均已有明显的改善，是一个值得注意的动向。

2. 聚乙烯流延薄膜

采用流延法生产聚乙烯薄膜，直接将聚乙烯熔体，流延到低温冷却辊上，熔体迅速冷却成膜，薄膜中聚乙烯树脂的结晶度低、结晶球晶尺寸小，因而薄膜的透明性较好；聚乙烯流延薄膜较之吹塑薄膜的另一明显的优势是厚度均匀性好。但聚乙烯流延薄膜力学性能存在着比较明显的方向性，横向强度低于纵向强度。

聚乙烯流延薄膜的一个值得重视的特点是，当熔体温度足够高、流延空气间隙足够大时，聚乙烯薄膜表面可以通过在高温下的氧化，大幅度提高薄膜的黏性，从而可在不添加增黏剂的情况下，制得具有较好表面黏性的家用缠绕膜——冰箱保鲜膜。

特别值得注意的是，鉴于不同聚乙烯树脂以及不同添加剂对聚乙烯薄膜性能之间有极为明显的差异，采用不同牌号或者不同配方的聚乙烯，通过共挤出的方法直接生产出的多层乙烯复合薄膜，已越来越为人们重视并在生产实践中表现出良好的社会效益与经济效益。

二、聚丙烯类薄膜

(一) 聚丙烯薄膜简述

在通用塑料中，聚丙烯（PP）具有物理力学性能优良，密度小、熔点较高、透明性好、屈服强度、拉伸强度、表面硬度高等优点，且具有突出的耐应力开裂性和良好的耐磨性、化学稳定性以及易成型加工、价格低廉等优点，是当今最具发展前途的热塑性高分子材料之一，聚丙烯的应用范围十分广泛，大量应用于塑料软包装材料。

聚丙烯薄膜按树脂的不同，可分为分类均聚丙烯薄膜与共聚丙烯薄膜；按成膜方法的不同可分为吹塑聚丙烯薄膜（IPP 薄膜）、流延聚丙烯薄膜（CPP 薄膜）和双向拉伸聚丙烯薄膜（BOPP 薄膜）等几个大类。

均聚丙烯：均聚丙烯树脂，仅由丙烯单体聚合而成，较之共聚丙烯，具有较大的拉伸强度，较高的刚性及较高的耐热性，其主要缺点是耐寒性较差，在 0℃左右，则表现出明显的脆性。

共聚丙烯：共聚丙烯树脂是由丙烯单体和其他单体（例如乙烯）共聚合而得到的产品，共聚丙烯较之均聚丙烯机械强度略为逊色，但耐寒性可明显改善，可以在较低的温度条件下使用。在共聚丙烯中，根据共聚单体在聚丙烯中的分布情况的不同，又有无规共聚丙烯（共聚单体呈无规状态分布）和嵌段共聚丙烯（若干共聚单体结合在一起形成的链段，与若干丙烯单体结合而成的链段交替结合的聚丙烯）。前者柔软性、透明性较好，耐低温性能较佳，在塑料软包装领域，应用较为普遍；后者主要应用于生产塑料管之类的产品。

吹塑聚丙烯薄膜（IPP 薄膜）指聚丙烯树脂熔体通过环状口模，经吹胀、冷却而制得的薄膜。流延聚丙烯薄膜（CPP 薄膜）：指聚丙烯树脂的熔体通过 T 型机头熔融挤出，再流延到冷却辊上形成的薄膜。双向拉伸聚丙烯薄膜（BOPP 薄膜）指聚丙烯熔体先经过 T 型机头（或者环状机头）挤出，制得厚膜（坯膜），然后在特定条件下将厚膜经过双向拉伸而制得的薄膜。

CPP 薄膜具有结晶度低、透明度高、光泽性好，同时具有耐热、防潮、热封性优良、机械适应性强等特点，可直接作为服装、床上用品及日用品的包装材料，也常作为复合膜的基材，用于各种食品、药品等商品的包装。

（二）典型聚丙烯薄膜举例

1. 吹塑聚丙烯薄膜（IPP 薄膜）

传统的聚丙烯树脂料，应用上吹工艺吹制薄膜时，会产生如下几个问题：其一是由于熔体强度较低，膜泡稳定性差，成膜困难；其二是横向撕裂强度差；其三是透明性低下。因此，吹塑聚丙烯薄膜通常采用下吹水冷工艺。

北欧化工集团公司开发成功的 PP（聚丙烯）牌号 Borclear RB707CF，具有较高的熔体强度，该料突破了传统挤出上吹法吹塑工艺不能用于 PP 薄膜生产的局限，用它生产的 IPP 薄膜，具有极好的光学性能（透明性）、良好的加工性和平衡的刚性与韧性。

Borclear RB707CF 是专用于吹塑薄膜生产的牌号，其熔体流动速率（MFR）为 1.8g/10min，在 NPE2003 上用德国 Kiefel 挤出机公司的共挤吹塑薄膜装置进行了这种新产品的实际加工演示，表明该树脂易加工、密封强度高并能直接与茂金属 PE 牢固粘接。

近年来阿联酋的博禄公司还推出了吹塑级共聚聚丙烯专用料 Borclear BC91BCF。Borclear BC91BCF 和 Borclear RB707CF 一样，可采用上吹风冷式工艺生产聚丙烯薄膜。其性能指标见表 1-2。

表 1-2 **Borclear BC91BCF 及 Borclear RB707CF 的性能指标**

性 能 指 标	Borclear BC91BCF	Borclear RB707CF
熔融指数	1.5	3.0
弹性模量/MPa	800	1450
维卡软化点/℃	126	145
起封温度/℃	120	140
雾度/%	<8	<13
光泽度/%	>70	>35
共聚类型	无规共聚	嵌段共聚

IPP 薄膜和吹塑聚乙烯薄膜相比，有密度低、光学性能良好（高透明性与高光泽度）、耐热性高（可在 135℃蒸煮 35min，甚至在 145℃的高温下蒸煮消毒）、挺度高、耐化学药品性能好的优点，同时也具有良好的可热封性，良好的印刷性等特性，制袋方便（薄膜成管状，只需热封一端即成袋），是一种良好的包装材料，可用于食品、纺织品、日用品、医疗器械等多种商品的包装，但囿于水冷下吹法不易变换规格且不便吹制大规格薄膜、生产线速度低等因素的制约，聚丙烯吹塑薄膜的生产及使用量，有不断下降的趋势；目前可上吹的聚丙烯吹塑专用料的成型加工性能优越，但原料价格较高，致推广应用受到限制。

2．流延聚丙烯薄膜（CPP 薄膜）

流延聚丙烯薄膜（CPP 薄膜）是通过熔体流延骤冷生产的一种非拉伸薄膜。与吹塑薄膜相比，其优点是生产线速度高因而产量高且薄膜透明性、光泽性、厚度均匀性较好，目前已成为非拉伸聚丙烯薄膜的主流产品。

由于 CPP 薄膜刚性好、透明性好、热封性佳且耐高温性能突出，除单独作为包装材料使用之外，也是塑料软包装材料领域中大量使用的基材之一。

（1）按用途之不同分类 流延聚丙烯薄膜可分为通用型 CPP 薄膜、金属化型 CPP 薄膜、蒸煮型 CPP 薄膜以及功能性等几个大类。

不同类型 CPP 薄膜性能如表 1-3 所示。

表 1-3 不同类型 CPP 薄膜性能（GB/T 27740—2011）

项 目		普通用	镀铝用	普通蒸煮用	高温蒸煮用
拉伸强度/MPa	纵向[1]	≥35			
	横向[2]	≥25			
断裂标称应变/%	纵向[1]	≥280			
	横向[2]	≥380			
水蒸气透过量[3] /[g/(100μm·m²·d)]	热封型	≤5			
	非热封型	≤4			—
雾度[4]/%	厚度≤30μm	≤5			
	30μm≤厚度≤80μm	≤8		≤12	—
起始热封温度[5]（非处理面之间）/℃	热封型	<145		<175	
	非热封型	≥145			
动摩擦系数（非处理面之间）		≤0.5	—	—	—
润湿张力/(mN/m)	处理面	≥36	≥38	≥36	≥38
	非处理面	<33			

① 纵：与挤出方向平行的方向。

② 横：与挤出方向垂直的方向。

③ 38℃，相对湿度 90%，供需双方认为需要时才检验。

④ 仅适用于透明薄膜。

⑤ 起始热封温度是热封强度≥3N 时的最低温度。

通用型 CPP 薄膜的厚度一般在 $20\sim40\mu m$ 之间（个别的超过 $100\mu m$），可直接用于产品的包装，也可作为复合膜的热封层使用。

金属化型 CPP 薄膜是较高档的 CPP 薄膜产品，厚度在 $20\sim40\mu m$ 之间。金属化型 CPP 薄膜具有如下特点：电晕处理面表张力较高（在 38mN/m 左右）；厚度均匀性好；表面无晶点和杂质；热稳定性好不易高温变形；未经表面处理的一面，具备较低的热封温度和较高的热封强度。

蒸煮型 CPP 薄膜厚度一般在 $60\sim80\mu m$ 之间，普通蒸煮型耐 121℃、40min 的高温蒸煮，高温蒸煮型耐 135℃、30min。蒸煮型 CPP 薄膜耐油性、气密性较好，且热封强度较高，一般的蒸煮型肉类产品的包装薄膜，其内层均采用蒸煮型的 CPP 薄膜。

其他功能性 CPP 薄膜：较常见的功能性 CPP 薄膜有抗静电 CPP 薄膜、高刚性 CPP 薄膜、防雾 CPP 薄膜、防冻 CPP 薄膜、抗菌 CPP 薄膜、消光 CPP 薄膜等。

（2）按照产品结构分类 聚丙烯流延膜有单层聚丙烯流延薄膜及多层聚丙烯流延薄膜之分。单层薄膜设备及工艺简单，技术性较低容易掌握，但产品局限性大、性能不易调节，故其生产规模有日趋萎缩的趋势；目前多层共挤出 CPP 薄膜已成为 CPP 薄膜的主流产品。

三层共挤 CPP 薄膜是结构最简单的多层共挤出聚丙烯流延薄膜，一般分为热封层、芯层和电晕层三层。

CPP 薄膜热封层用聚丙烯原料，其 MFR 一般在 $6\sim12$ g/10min 范围之内，除具有滑爽性、抗粘连性、析出量少、挥发成分少等特性外，热封层要具备良好的热封性能（热熔性要好，热封温度要宽），热封层多采用二元或三元无规共聚物，用量占 CPP 薄膜总质量的 15%～20%。

芯层（支撑层）对薄膜起支撑作用，增加薄膜的挺度，同时降低成本，其原料 MFR 最佳范围在 $6\sim10$ g/10min 之内，薄膜芯层的质量占薄膜总质量的 60%～70%，大多采用聚丙烯均聚物以提高刚性及光学性能（低雾度及高光泽度）并降低成本。

电晕层要进行印刷或金属化处理，要求有较高的表面张力，对助剂的添加应有严格的限制。该层一般用聚丙烯二元共聚物，MFR 为 $6\sim12$ g/10min，用量占总膜量的 15%～20%。用作复合基材的三层共挤 CPP 薄膜，为了提高其对为了提高其对油墨、金属蒸镀层的黏着牢度以及与其他材料的复合强度，除配方的选取之外，生产薄膜的过程中，需要对它进行表面电晕处理。

CPP 专用聚丙烯树脂的基本性能见表 1-4[3]。

表 1-4　CPP 专用聚丙烯树脂的基本性能

性　　能	测试标准	均聚 PP	二元共聚 PP	三元共聚 PP
MFI/(g/10min)	ASTMD-D1238	8.0	7.0	8.0
密度/(g/cm³)	ASTMD-D1505	0.90	0.90	0.90
屈服强度/MPa	ASTMD-D638	38	30	32
断裂伸长率/%	ASTMD-D638	500	>500	>500
悬臂梁冲击强度/(J/m)	ASTMD-D256	-	50	55
弯曲模量/MPa	ASTMD-D790A	1600	800	700
洛氏硬度(R)	ASTMD-D785	100	85	80
热变形温度/℃	ASTMD-D648	110	90	85
维卡软化点/℃	ASTMD-D1525	154	130	123

3. 双向拉伸聚丙烯薄膜（BOPP）

聚丙烯是线型结构的高分子化合物，虽然它是对称性较差的弱极性分子物质，但 BOPP 薄膜用聚丙烯，通常具有排列比较规整的结构（为等规或者间规聚合物），它经过拉伸定向处理之后，强度、阻隔性、光泽度等性能均有明显的提高，特别是拉伸强度，较之非拉伸聚丙烯薄膜成倍提高，BOPP 拉伸强度可提高到 CPP 薄膜的 3 倍以上！薄膜强度的提高，使做包装时可以应用较薄的薄膜，从而减少用聚丙烯料的消耗量，降低生产成本，因此 BOPP 备受人们青睐，目前已经成为塑料软包装领域中，生产、消费量最大的品种之一[4~6]。

BOPP 是先由 PP 树脂制得薄片（坯膜），然后加热条件下拉伸、定型而得的，薄片可经由流延方法制得，也可经由吹塑的方法制得。坯膜由流延法生产者，称为平模法双向拉伸聚丙烯薄膜；坯膜由吹塑法生产者，称为泡管法双向拉伸薄膜。平模法双向拉伸聚丙烯薄膜产品有厚度均匀性好、生产线速度高、成本低等众多优点，目前工业化生产的 BOPP，基本上均为平模法双向拉伸聚丙烯薄膜。BOPP 的主要优点汇集如下：

BOPP 力学性能好，有拉伸强度高、弹性模量高、刚性好等优越的力学性能，同时有突出的延伸性及抗弯疲劳性，可折叠数百万次；

BOPP 薄膜卫生性好，无毒无味无臭，适于食品、药品包装；

BOPP 薄膜的防湿性能佳，吸水率<0.01%，阻湿性极佳，通用塑料薄膜中最好品种之一；

BOPP 薄膜具有宽广的使用温度范围，它具有良好的耐热、耐寒性，使用温度可达 120℃；

BOPP 薄膜对商品具有良好的展示效果，表面光泽度高，透明光亮。

此外，它的化学稳定性能极好，除了强氧化剂对其有一定的腐蚀作用外，不溶于其他任何溶剂。

BOPP 薄膜规定的物理机械性能见表1-5。

［摘自中华人民共和国国家标准 GB/T 10003—2008 普通用途双向拉伸聚丙烯（BOPP）薄膜］

表 1-5　BOPP 薄膜规定的物理机械性能

项　　目		指　　标	
		A类(无表面热封层)	B类(有表面热封层)
拉伸强度/MPa	纵向	≥120	
	横向	≥120	
断裂标称应变/%	纵向	≤180	≤200
	横向	≤65	≤80
热收缩率/%	纵向	≤4.5	≤5.0
	横向	≤3.0	≤4.0
热封强度/(N/15mm)		—	2.0
雾度/%		≤2.0	≤4.0
光泽度/%		≥85	≥80
润湿张力/(mN/m)	处理面①	≥38	≥38
透湿量/[g/(m² · 24h · 0.1mm)]		≤2.0	

① 处理面指经电晕、火焰或等离子体处理的表面。

BOPP 薄膜，有通用型薄膜、珠光膜、消光膜、防雾膜、合成纸、无胶复合薄膜、BOPP 激光全息防伪薄膜等。

(1) 普通型 BOPP 薄膜　普通型双向拉伸聚丙烯薄膜主要用于印刷、复合、制袋以及胶带等领域。目前，用量最大的是印刷膜，其次是用于涂布的胶带膜。BOPP 作为一种印刷基材，具有轻盈透明、防潮抗氧、气密性好、韧性耐折、表面光滑，以及耐热酸碱、溶剂、摩擦、撕裂性佳等优点，而且能再现商品的造型、色彩。

普通型双向拉伸聚丙烯薄膜中的热封型 BOPP 薄膜，是在制造坯膜时通过共挤出的方法，将需要进行热封的一面，置以一个易热封的共聚丙烯层而得到的。比较常见的热封型 BOPP 薄膜有香烟包装膜、食品包装膜等（珠光膜也属于可热封 BOPP 薄膜）等。

热封膜有双面可热封和单面可热封之分，比如香烟包装膜就是一种双面热封膜。

(2) BOPP 珠光膜　BOPP 珠光膜是一种可热封薄膜，至少是三层共挤的复合膜。三层共挤的珠光薄膜由两个共聚 PP 的热封层，将含 $CaCO_3$ 母料的均聚 PP 夹在中间、共挤成片，然后经过拉伸而成。在生产时，尚未呈现珠光光泽的片材经纵、横方向各拉伸 4.0 倍左右。片材的中间层（均聚 PP 层）中均匀分散着微粒状的 $CaCO_3$ 颗粒，拉伸时的直径不发生变化，但在 $CaCO_3$ 颗粒和 PP 之间形成一个个均匀的微小空洞，这些微小的空洞折射光线，形成特有的"珠光宝气"的外观。

由于珠光母料含有大量的碳酸钙，因此对过滤器的污染（阻塞）特别严重，换网周期短是各个生产厂家经常面临的问题，为延长过滤器更换周期，选用目数较低的滤网往往能够取得较好的效果。

珠光母料的选择是生产珠光薄膜的一个关键，也是获得优异的产品性能和稳定的产品质量的前提条件。国内外生产珠光膜一般采用三层挤出工艺，其膜层结构为 ABC（单面热封型）型或 ABA 型，采用三层共挤出生产珠光薄膜的一大缺陷是珠光母料和增白母料同时加在芯层，这样就常见的银白光泽珠光膜。珠光薄膜的生产越来越多地转向五层共挤出工艺，采用五层共挤出工艺时，珠光母料和增白母料分别加在芯层和次表层中，其膜层结构为 ABCBD（单面热封型）型或 ABCBA 型结构，对产品性能的调节灵活度较大。

珠光薄膜的配方例见表 1-6。

表 1-6　珠光薄膜的配方例

挤出机	层次	五层工艺	三层工艺
辅 2	上表层	二元共聚＋2％的抗黏剂	二元共聚＋2％的抗黏剂
辅 4	次表层	JF300＋10％增白母料	
主机	芯层	JF300＋15％珠光母料＋2％抗静电剂	JF300＋15％珠光母料＋3％增白母料＋2％抗静电剂
辅 3	次表层	JF300＋10％增白母料	
辅 1	下表层	JF300＋2％抗黏剂	JF300＋2％抗黏剂

三层及五层 BOPP 珠光膜产品性能对比如表 1-7 所示。

表 1-7　三层及五层 BOPP 珠光膜产品性能对比

检验项目	小拉膜 25μm（ABC 型）		洛石化 25μm（ABCBD 型）		国标（热封型）	
	纵	横	纵	横	纵	横
拉伸强度/MPa	64	128	91	174	≥70	≥130
断裂伸长率/％	103	24	122	28	85～150	20～50
热收缩率/％	3.9	2.2	1.6	1.0	≤5.0	≤40
雾度/透光率/％	98/44		99/41		≥80	
光泽度（处理面）/％	61		88		≥45	
摩擦系数（动）（外对外）	0.31/0.25		0.56/0.48		≤0.8	
润湿张力/(mN/m)	＞38		42		≥38	
厚度偏差/％	−2.1+4.2		−1.6+2.1		±6.0	
平均厚度偏差/％	＋1.3		＋0.8		±4.0	

续表

检验项目	小拉膜 25μm (ABC 型)		洛石化 25μm (ABCBD 型)		国标 (热封型)	
	纵	横	纵	横	纵	横
密度/(g/cm³)	0.66		0.68		≤0.70	
热封强度/(N/15mm)	1.33		2.36		≥2.0	
弹性模量(纵/横)/MPa	1277/2243		1637/3105			
外观	珠光均匀但表面 明显偏黑		外观均匀，珠光 效果突出			

珠光薄膜的膜具热封性，但强度较低，主要应用在雪糕、冰激凌等冷饮包装；复合一层 PE 后，可以大幅度提高热封强度。珠光薄膜广泛应用于糖果枕式包装，巧克力、香皂防护包装及各类瓶盖衬垫，并广泛应用于饼干、甜食、糖果、风味小吃、快餐食品包装。

(3) BOPP 消光膜　BOPP 消光薄膜的特点是低光泽度与高雾度（消光面的光泽度≤10%，雾度≥70%），BOPP 消光薄膜具有优异的印刷性能，有不可热封和可热封两种。它的表面设计为消光（粗化）层，通过加入消光母料而制得；消光薄膜外观质感和纸张相似，手感舒适，能够起到遮光的作用，因其表面光泽度大大地降低，主要应用于高档的礼盒包装或者需要避光处理的化工产品的包装。

(4) 防雾薄膜　防雾薄膜，顾名思义，具有防止薄膜结雾的功能。BOPP 薄膜在包装食品时，往往有防止水雾的产生要求：一方面，食品保鲜和果蔬包装中的内外温度差，易在包装膜上形成一层水滴，即出现所谓的"结露"现象，"结露"的水滴为微生物的迅速繁殖和生长提供了有利条件，特别是采摘或者运输过程中受机械损伤的果蔬，更易因此引起腐烂，防雾薄膜消除水滴、延缓果蔬腐烂的效果值得关注。另一方面，防雾作用，可以使得薄膜保持较高的透明度，提高对内容物的可视度，改善薄膜袋的展示效果，因而有一定的促销效果。

(5) BOPP 合成纸　BOPP 合成纸为 ABA 结构，表层添加 TiO_2，中间层添加 $CaCO_3$。它是一种不透明的类似纸张的材料，具有良好的印刷性和抗静电性，广泛地应用于生产印刷地图、名片、菜单、标签、说明书、广告等。它是一种新型塑料制品，也是一种环保产品（生产过程无污染，可以 100% 回收，循环使用，大量的碳酸钙的加入，节约作为石化产品的聚丙烯的效果明显，有利于人类的可持续发展）。合成纸具有密度小、强度大、抗撕裂、印刷性好、遮光、抗紫外线、经久耐用、经济环保等特点，被认为是现代纸张生产的一次革命性的进步。

(6) 无胶复合薄膜　无胶复合 BOPP 薄膜是一种复合用基材，它由基膜和热熔复合的功能层组成。基膜为上表层、芯层、下表层结构或者上表层、上次表层、芯层、下次表层、下表层结构。基膜由共挤双向拉伸法制得，其功能层（功能熔体层）由离线挤出复合生产线（淋膜设备）将功能层复合（"淋覆"）到基膜的表层上而制得。无胶复合 BOPP 在一定的温度与压力下，无需胶黏剂即可直接与纸张复合。

无胶复合 BOPP 薄膜具有产品有结构简单、热封强度大、剥离强度高的优点。采用无胶复合 BOPP 薄膜与纸张复合，可解决传统纸塑复合行业能耗大、污染严重的弊端，消除环境污染及产品中残留的挥发性有机化合物的问题，也有效地节省能源和设备空间，大幅降低生产成本，且适用于加工出口高档印刷复合产品。

由广东德冠包装材料有限公司开发的无胶复合膜，对节能、环保及降低生产成本，均表现出较好的效果，因而在行业中有较好的口碑。

(7) BOPP 激光全息防伪薄膜 BOPP 激光全息防伪薄膜，也称镭射膜，它是将激光全息图像模压到 BOPP 薄膜上而制成的产品。激光全息防伪薄膜不仅具有强烈的表面装饰效果，而且以其防伪性好，在防伪包装中发挥着越来越大的作用，广泛应用于轻工、医药、食品、烟草、化妆品、电子行业的商标、有价证券、机要证卡及豪华工艺品等的防伪，也可用于装饰等领域。

BOPP 激光全息防伪薄膜分为电化铝烫金转移型和非转移型两大类。电化铝烫金转移型，是经模压镀铝涂胶后与卡纸复合剥离转移再表印加工，或与热封薄膜复合后剥离转移。非转移激光全息防伪薄膜，是经模压或镀铝后模压，与纸制品、薄膜复合或直接用于烟包、酒盒、包装盒、食品袋、礼品袋、拉花膜、圣诞用品等。

激光全息防伪薄膜，对 BOPP 生产环境、工艺配方等有严格要求。BOPP 激光全息防伪薄膜的主要特点如下：

① 强度高，透明性好，尺寸稳定性佳；
② 模压性能好，模压后全息光栅衍射强度高、均匀性好，亮点、疵点少；
③ 模压加工条件易于控制；
④ 后加工适应性好（如镀铝、印刷、涂覆等）；
⑤ 转移膜，同纸材等复合后剥离转移顺畅，符合后加工使用要求；
⑥ 与 BOPET 激光全息防伪薄膜相比，BOPP 激光全息防伪薄膜具有热封性能和收缩性能，可直接包装使用。

三、聚酯薄膜

目前能用于塑料软包装的聚酯薄膜有 PET（聚对苯二甲酸乙二醇酯）、PETG（聚对苯二甲酸乙二醇、环戊二醇共聚酯）、PEN（聚对萘二甲酸乙二醇酯）及可降解聚酯 PLA（聚乳酸）等，其中 PET 薄膜的生产、应用量占绝对多数。

（一）PET 薄膜

PET 薄膜是由聚对苯二甲酸乙二醇酯经双向拉伸而制得的薄膜，由于 PET 的挤出成型性能较差，只能通过制备厚的坯膜再经双向拉伸制取薄膜，至今尚无非拉伸的 PET 薄膜的工业化产品，因此人们通常用 PET 薄膜表示双向拉伸聚对苯二甲酸乙二醇酯薄膜，BOPET 薄膜的表述则不大使用。

当前在包装领域中，生产应用的 PET 薄膜的主要特点是综合性能优良，包括：力学性能好，拉伸强度高，耐折、弯曲次数可达 10 万次；透明度好，透光率达 90%；阻隔性好，对氧优良，对氧气的阻隔性明显地高于 BOPP 而与 BOPA 相当，属于阻隔性塑料薄膜之列；使用温度范围广，可在 −60～120℃ 的温度范围内使用，短时间内可耐 150℃ 高温；卫生性能好，无毒无味；耐油性、化学稳定性好；价格低廉，按吨位计 PET 薄膜的价格甚至低于 BOPP 薄膜，按面积计 PET 薄膜的价格和 BOPP 薄膜相当。

由于 PET 薄膜具有上述种种优点，因而在塑料软包装领域，得到了广泛的应用。

PET 薄膜的物理力学性能与 BOPP 薄膜的比较如表 1-8 所示[7]。

表 1-8　PET 薄膜与 BOPP 薄膜的物理力学性能

性能	单位	国标 PET 薄膜 GB/T 16958	镀铝 PET 基膜 MA	烫金 PET 膜基 HS	护卡 PET 膜基 CP	转移 PET 膜基 TP	BOPP
拉伸强度	MPa	190/200	200	200	200	220	120/210
断裂伸长率	%	100/100	90	90	90	100	180/65
热收缩率	%≤	2.0/1.5	2.0/1.0	2.0/0.5	2.0/2.0		4.0/1.5
雾度	%≤	3.0	3.0	3.0	2.0	2.8	1.5
光泽度	%≥	90	120	110	110	128	90
透光率	%≥	85					
摩擦系数	静/动	0.65/0.55				0.5/0.4	0.8 动
润湿张力	mN/m ≥	40（未处理）50（电晕）	52	46	50	42	38

PET 薄膜在包装领域中的应用举例如下。

（1）印刷复合基膜　利用 PET 薄膜的印刷性、阻隔性、光学性能好，耐高低温、耐油、卫生性佳，机械强度高等优点，常常在印刷之后，通过无溶剂复合及干法复合等工艺，与聚烯烃薄膜等基材复合，制成复合包装材料，用于食品、药品等商品的包装。具体应用见表 1-9。

表 1-9　PET 薄膜的结构及应用

复合薄膜的结构	包 装 物 品
PET-Al/CPE	咖啡
PET/PVDC/PE	茶叶
PET-Al/CPP	榨菜、腌制品

续表

复合薄膜的结构	包 装 物 品
PET-Al/PE	饼干
BOPP/PET-Al/CPP；PET/CPP	小香肠、午餐肉
PET/PE；PET/PVDC/PE	干酪
PET/PE	蔬菜、冷盘、鱼等半制成品
PET/PVDC/PE	汤
TET/PE	糕、年糕
PET/Al/HDPE；PET/HDPE；PET/CPP	蒸煮食品
PET/PE；PET/Al/PE	军用食品
PET/PE	蚕豆
PET/PE	医用手术用具注射针等

（2）镀铝膜 镀铝 PET 薄膜是 PET 薄膜的一种深加工产品，是采用真空蒸镀工艺在 PET 薄膜表面镀上一层极薄的金属铝而制得的。镀铝薄膜具有良好的金属光泽，且当镀层具有足够大的厚度及良好的致密度时，可大大提高了薄膜对氧气及水蒸气的阻隔性，详见本章第三节。

（3）烫金膜与转移膜

① 烫金膜。烫金膜亦称电化铝烫膜，也是一种 PET 薄膜的深加工产品，是一种特殊的镀铝膜，与普通的镀铝薄膜相比结构上更为复杂，除镀铝层之外，还有离型层、色层和胶黏剂层。

烫金膜生产流程简述如下：

PET 基膜→涂布离型层→涂布着色层→真空镀铝→涂布胶黏剂→收卷备烫金用。

烫金膜通过装在烫印机上的模版，在一定的压力与温度条件下，使印刷品和烫印箔在短时间内相互受压，金属箔层（或颜料层）将烫印模版的图文，转印到被烫印制的表面上。

② 转移膜。转移膜的结构与烫金膜相近，但应用则不尽相同。它使一中间载体，存在于转移纸基（或塑基）之上，承载被印刷或打印的图案，用于转印到被印制的物品之上的一层化学弹性膜，例如用于生产真空镀铝卡纸，就是将 PET 膜置于真空镀铝机镀铝后，涂胶、与纸复合，再将 PET 膜剥离，铝分子层通过胶黏作用，便转移到纸板表面上，卡纸表面仅覆盖一层 $0.25 \sim 0.3 \mu m$ 薄薄而又紧密光亮的铝层（仅是裱铝卡纸铝箔层的 $1/500$），既有高贵美观的金属质感，又使卡纸保留其可降解、可回收的环保属性，PET 薄膜在这里仅起铝箔转移的作用，且可多次使用，故称转移膜。

镀铝卡纸的流程如下：

PET 基膜→离型层→色层→镀铝层→涂胶层→转移膜（或转移到卡纸上制得镀铝卡纸）。

（4）护卡膜　护卡膜是以 PET 薄膜为基材，在其上挤涂布一层可热封的热熔胶如 EVA 而成。护卡膜用于各种证件、文件档案、相片等表面的保护。

（5）可热封膜　可热封膜 PET 薄膜，是通过共挤出的方法，在 PET 的表面上，复合一层热封合性能良好的树脂例如 PETG（或者其他无定形共聚酯）而制得的薄膜，它具有可热封性（不需要与 PE 或 CPP 复合便具有可热封性），简化加工工序，降低包装成本。

（二）PETG 热收缩薄膜

PETG 由对苯二甲酸、乙二醇和对环己烷二甲醇（CHDM）进行共缩聚而生成的三元共聚体，属于典型的无定形的聚酯共聚物，用它制得的热收缩薄膜，具有高透明、低熔点、高光泽、低雾度、高收缩、可热封的特点，用途十分广泛。

PETG 热收缩薄膜，有很好的热收缩性能，收缩率高且可以在较低的温度下收缩，伊斯曼公司的 PETG6763 所制得的热收缩薄膜在不同温度下收缩的性能如表 1-10 所示。

表 1-10　PETG6763 热收缩薄膜在不同温度下的收缩性能

温度/℃	95	90	85	80	75	70	65
收缩率/%	75	70	62	51	31	6	1

根据生产工艺的不同，在受热之后 PETG 热收缩薄膜可在纵向和横向两个方向同时收缩（双向拉伸热收缩薄膜）或者仅仅在一个方向上收缩（单向拉伸热收缩薄膜）。采用 PETG 热收缩薄膜用于包装商品，在加热收缩之后，可得到贴体透明、紧束包装物的效果；PETG 热收缩薄膜可应用于瓶子的热收缩标签，用它替代 PVC 薄膜的热收缩薄膜，应用于 PET 瓶的热收缩标签时，不仅可以得到更大的收缩率、更佳的装饰效果，而且便于包装废弃物的回收利用，环保效应显著。

瓶标签用 PETG 单向热收缩薄膜的物理机械性能指标见表 1-11。

表 1-11　瓶标签用 PETG 单向热收缩薄膜的物理机械性能指标

项目		要求			
		横单向		纵单向	
		中收缩	高收缩	中收缩	高收缩
拉伸强度/MPa	纵向	≥40	≥35	≥100	≥120
	横向	≥100	≥120	≥40	≥40

续表

项 目		要　　求			
		横单向		纵单向	
		中收缩	高收缩	中收缩	高收缩
断裂伸长率/%	纵向	≥250	≥250	≥40	≥35
	横向	≥30	≥30	≥300	≥200
热收缩率/%	纵向	≤10	≤6	≥10	≥40
	横向	50～70	≥70	≤3	≤6
雾度/%		≤7			
摩擦系数(内面对外面)	静	≤0.6			
	动	≤0.55			
润湿张力/(mN/m)		≥38			

注：纵向同挤出方向，即机向；横向垂直于挤出方向。

PETG 应用上的瓶颈是价格相对较高，因此其他成本较低的共聚酯收缩薄膜，也成为人们开发研究的重要对象之一。

（三）PEN 薄膜

PEN（对萘二甲酸乙二醇酯）薄膜，也是热塑性聚酯中的一个富有发展前景的品种。与 PET 相比，其主要特性有：

① 耐热性更好，PEN 的玻璃化温度 T_g 比 PET 高 40℃以上，热变形温度要高 30℃，薄膜可耐热 155℃高温。

② PEN 的阻隔性更好，PEN 对 O_2 和 CO_2 的阻透率是 PET 的 4～5 倍，对水汽的阻透率是 PET 的 3～4 倍。

③ PEN 具有高透明性与良好的抗紫外线性能，在可见光波范围内，具有很好的透明性，同时它又能有效地阻隔波长 383nm 以下的紫外线。

④ PEN 的力学性能好，其模量是 PET 的 2.5 倍、是 PA 的 5 倍。

⑤ PEN 耐酸、碱性，耐有机溶剂和耐水解性亦优于 PET。

BOPEN 薄膜和 BOPET 薄膜一些性能指标的比较见表 1-12[8]。

表 1-12　BOPEN 薄膜和 BOPET 薄膜的性能指标

项　　目		BOPEN	BOPET
密度/(g/cm³)		1.36	1.40
杨氏模量/MPa	纵向	6200	5450
	横向	6200	5400
拉伸强度/MPa	纵向	280	230
	横向	270	230

续表

项 目		BOPEN	BOPET
断裂伸长率/%	纵向	90	120
	横向	85	115
直角撕裂强度（20mm）/N	纵向	180	180
	横向	180	180
收缩率（150mm×30mm）/%	纵向	0.9	1.5
	横向	0	0.2
吸水率/%		0.3	0.4
水蒸气透过率/[g/(m² · 24h)]		6.7	21.3
气体透过性（1.3kPa）/[mL · cm/(cm² · s)]	CO_2	3.7×10^{-12}	13×10^{-12}
	O_2	0.8×10^{-12}	2.1×10^{-12}

PEN 薄膜的应用：价格昂贵是 PEN 薄膜在包装领域中应用的一大瓶颈，其树脂价格在 PET 的 3 倍以上，因此考虑使用 PEN 与 PET 树脂进行共挤出，或者与 PET 树脂的共混物（塑料合金）制取性能较为优良的薄膜，是两条比较可取的途径。

四、尼龙薄膜

尼龙学名聚酰胺，简称 PA，是含有酰胺基聚合物的总称。尼龙具有机械强度好，耐油、耐磨、耐热性好，成型方便等诸多优点，是一种常用的工程塑料，广泛地应用于汽车、机械、电气行业之中。基于尼龙的高强度、耐高温以及突出的耐穿刺性、良好的阻隔性和耐油性以及可靠卫生安全性，尼龙薄膜也在包装领域，得到了广泛的应用。

鉴于价格因素，目前作为包装薄膜使用的主要是尼龙 6 薄膜。芳香尼龙 MXD6 在尼龙薄膜中阻隔性突出且在高温、高湿条件下仍具很好的阻隔性，被认为是一种性能特别优良的、具有很好发展前景的包装材料，但因价格昂贵，目前应用量尚十分有限。PA 薄膜，既可用吹胀法生产，也可用平片法生产，有非拉伸的产品，也有双向拉伸的产品，但在实际应用中，使用最多、最为重要的是双向拉伸尼龙薄膜和尼龙与聚烯烃树脂共挤出而得的多层共挤出薄膜。

（一）双向拉伸尼龙薄膜 BOPA

与其他包装薄膜相比，BOPA 薄膜有以下突出的优点：

力学性能优越，具有突出的抗穿刺、耐冲击性，是目前所使用的包装薄膜中拉伸强度最好的品种之一；使用温范围广，可在 $-60 \sim 150$℃的温度范围内使用，特别适合于冷冻包装，抽真空包装和蒸煮包装；阻隔性能良好，对油脂和氧气等气体均有良好的阻隔性，适于多种食品的包装，如肉类、鱼类、油脂食品、海产类以及对于保香性要求高的食品、蔬菜制品等，采用 BOPA 薄膜包装的商品，其保存期有望较用通常的包装材料延长 1 倍以上。此外，BOPA 还有良好的光学性能，高的透光率及低的雾度。

BOPA 薄膜的物理机械性能见表 1-13。

表 1-13　BOPA 薄膜的物理机械性能（GB/T 20218—2006）

项　目	单　位	指　标
拉伸强度（纵向/横向）	MPa	≥180
断裂伸长率	%	≤180
热收缩率	%	≤3.0
耐撕裂力	mN	≥60
雾度	%	≤7.0
摩擦系数（动）		≤0.6
润湿张力（处理面）	mN/m	≥50
氧气透过量	cm^3/(m^2·d·24h)	≤5.0×10^{-4}

卫生性能符合 GB 16332 规定。

BOPA 薄膜与其他薄膜性能的比较见表 1-14[9,10]。

表 1-14　BOPA 薄膜与其他薄膜性能的比较

项　目	单　位	测试方法	BOPA	BOPP	BOPET
密度	g/m^3	JIS K-6758	1.15~1.16	1.16	1.4
熔点	℃	DSC	215~225	170	250
拉伸强度（MD/TD）	MPa	ASTM D-882	250/250	120/(200~230)	(160~200)/(160~200)
伸长率（MD/TD）	%	ASTM D-882	(80~120)/80	(110~180)/(35~65)	(100~120)/(100~120)
撕裂强度	kg/mm	ASTM D-1992	0.7~1.0	0.4~0.5	0.7~0.3
冲击强度	kg·cm/mm	落球冲击法	1000	750	1000
热收缩率	%	120℃×15min	0.5~1.0	2.0~3	0.1~1.0
氧气透过率	cm^3/(cm^3·0.1mm·24h)	ASTM D-1434 23℃,0% RH	5	350~400	19~20
使用温度范围	℃		−60~130	−20~120	−30~150

BOPA 具有较好的印刷性能，但不具热封性，需要与 PE、CPP 等热封性薄膜复合之后，方能封合制袋，较为常用的复合工艺是干法复合及无溶剂复合。BOPA 薄膜性能上的另一个缺点是吸湿性较大，且吸潮后易起皱，因此不能在潮湿的环境下进行加工，车间湿度宜保持在 85% 以下。

BOPA 应用举例见表 1-15[11]。

表 1-15 BOPA 应用举例

应用范围	实 例	复合结构举例
蒸煮食品包装	汉堡、米饭、液体汤料、豆浆、烧鸡等	BOPA/EVA，BOPA/CPP
冷冻食品包装	海鲜、火腿、香肠、肉丸、蔬菜等	BOPA/PE
普通食品包装	精米、鱼干、牛肉干、辣椒油、榨菜等	BOPA/PE
化工产品、医药用品包装	化妆品、洗涤剂、香波、吸气剂、注射管、尿袋等	BOPA/Al/PE；BOPET/ BOPA/Al/PE

（二）含尼龙层的共挤出薄膜

含尼龙层的共挤出薄膜，主要是尼龙和聚烯烃（聚乙烯、聚丙烯）搭配的多层共挤出薄膜。尼龙树脂具有良好的阻隔氧气、二氧化碳等气体的性能，但吸湿性大、防潮性差且热封性能较差；聚烯烃树脂的防潮性佳、热封性能好，但对氧气、二氧化碳等气体的阻隔性差，两者间的搭配使用，各自的性能相互弥补，得到使用性能很好的复合薄膜，而且聚烯烃价格较低，采用聚烯烃与之复合之后，复合薄膜的成本较之尼龙薄膜明显降低，有利于推广使用。

尼龙与聚乙烯、聚丙烯间的黏合性差，当尼龙与聚乙烯或聚丙烯复合时，两者层间不能牢固结合，必须使用黏合性树脂，因此共挤出尼龙薄膜至少为三层结构，考虑到尼龙层暴露在空气中，尼龙会吸潮，吸湿的结果尼龙层的尺寸增大，会导致复合薄膜卷曲同时还会降低薄膜的阻隔性，因此实际生产中一般都将尼龙层置于薄膜的中间，制成五层或五层以上的结构。

为了获得高阻隔的共挤出薄膜，人们还经常在薄膜中，增置一个 EVOH 树脂层，制成聚烯烃/黏合剂/尼龙/EVOH/黏合剂/聚烯烃的 6 层复合薄膜，EVOH 和尼龙层之间黏合良好，不必使用黏合层。EVOH 层和尼龙层的匹配，EVOH 层大大提高了复合薄膜的阻隔性，尼龙层则大大提高了复合薄膜的机械强度，特别是抗穿刺性，被认为是一种最佳组合。

聚烯烃与尼龙的共挤出薄膜举例如下：

PE/黏合剂/PA/黏合剂/PE；PP/黏合剂/PA/黏合剂/PP（可用于蒸煮包装）；PE/黏合剂/PA/EVOH/黏合剂/PE；PP/黏合剂/PA/EVOH/黏合剂/PP（采用可蒸煮 EVOH 时，可用于蒸煮包装）。

五、其他包装用塑料薄膜

在其他包装用薄膜中，拟介绍聚氯乙烯（PVC）、聚偏二氯乙烯（PVDC）、聚乙烯醇（PVA）等几个品种。

（一）聚氯乙烯薄膜（PVC薄膜）

PVC薄膜是在聚氯乙烯树脂中，加入稳定剂及增塑剂等助剂之后，采用压延法、吹塑法或流延法制得的薄膜。PVC薄膜的优点是容易通过配方的变换，对薄膜的性能进行调节。在各种助剂中，增塑剂的量对薄膜的力学性能影响巨大，通过对增塑剂配入量的调整，可以方便地制得硬质及软质的、不同力学性能的多种薄膜。不加或少量添加增塑剂的称为硬质聚氯乙烯，添加增塑剂较多（大于25%）的称为软聚氯乙烯。硬聚氯乙烯薄膜和软聚氯乙烯薄膜性能之间具有很大的差异，例如前者刚性较大、对氧气二氧化碳等气体的阻隔性较好（接近于PET的水平），属于中阻隔性薄膜，可作为阻隔性材料使用；而软聚氯乙烯薄膜则质地柔软，阻隔性较差，可利用其柔软性与适度透氧的功能，用于鲜肉等商品的"保鲜包装"。PVC硬质薄膜和软质薄膜之间的共性是，透明性和印刷适应性均较好，耐热、耐寒性均较差。PVC薄膜的部分性能指标见表1-16。

表1-16 PVC薄膜的部分性能指标

类别	密度 /(g/cm³)	拉伸强度 /MPa	伸长率 /%	撕裂强度 /(kN/mm)	吸水率 /%	透水汽率 /[g/(m²·24h)]
硬PVC	1.35～1.45	60～80	15～25	3.5～4.0	0.1	10～40
软PVC	1.24～1.45	20～50	150～500	25～40	0.1～0.5	35～150

作为通用树脂的一种薄膜，PVC薄膜过去曾在包装中发挥过巨大的作用，近年来由于其他塑料包装薄膜的崛起以及PVC薄膜自身的若干缺陷，PVC包装薄膜无论在应用面或应用量方面，均有日益下降的趋势。

PVC薄膜自身的缺陷主要表现在如下两个方面：首先是PVC树脂中的残存单体及PVC所使用的许多增塑剂、稳定剂等助剂对人体有较大的毒害作用，生产食品包装、药品包装用PVC薄膜时，必须对原辅材料以及配方严加控制，控制不当则容易在卫生安全性方面出现问题；同时PVC薄膜的环境保护适应性较差，其废弃物在焚烧时会产生氯化氢甚至可能产生二噁英之类的有毒有害物质，对环境会产生污染。

但因PVC薄膜的物理力学性能良好、价格较为低廉等优势突出，PVC薄膜至今包装领域仍有相当广泛的应用，仍不失为塑料包装的一个重要成员。现在PVC薄膜在包装领域比较重要的应用有：热收缩薄膜与瓶用标签、纤维制品与日用杂货的包装，食品保鲜膜、糖果扭结膜以及血浆袋、输液袋等。

PVC热收缩薄膜具有如下特点：其性能上的主要优点是收缩温度较低，收缩温度范围广，光学特性优，刚性可调节，可提供较小的收缩应力；其缺点是热封合强度低，耐低温性较差，用于集合包装可能收缩应力不足以及爽滑性不足。从上述特点可以看出，PVC热收缩薄用于标签薄膜是十分有利的，同时它具有价格低廉的优势，因此虽然PVC瓶用标签近年来受到PETG瓶用标签的冲击，目前应用仍相当普遍。

PVC收缩标签薄膜的性能指标见表1-17。

表 1-17 PVC 收缩标签薄膜的性能指标

项　　目		指　　标
纵向收缩率/%		−2～10
横向收缩率/%		40～50
拉伸强度/MPa	纵向	≥42
	横向	≥50
断裂伸长率/%	纵向	≥70
	横向	≥50
撕裂强度/(kN/m)	纵向	≥60
	横向	≥45

软质PVC薄膜，以其高透明、高光泽、良好的机械强度以及柔软而良好的手感，在商品的销售包装中占有了相当重要的地位，在纺织品，特别是床上用品如毛毯、羽绒被之类的商品的包装中，应用仍相当广泛。

软质聚氯乙烯薄膜还有一个最为重要的应用领域，即PVC缠绕膜，在新鲜肉类食品及果蔬包装方面，具有较为广泛的市场。

PVC缠绕薄膜的主要优点列举如下[1]：

① 适度的透氧性。由于有适度的透氧性，所包装的新鲜的牛、羊肉等食品会保持鲜红色，给人以新鲜感。（如包装薄膜透氧性太差，袋内氧气浓度过低所包装的鲜肉缺氧，肉类表面变成褐色，货架效果低下），因此颇受广大超市青睐。

② 适度的透氧及透二氧化碳性，有利于果蔬低水平新陈代谢，从而延长其保存期。

③ 良好的机械强度，对所包装的商品保护性好，不易被骨头之类的硬物所刺穿。

④ 具有良好的黏性与回弹性，便于商品包装。

⑤ 透明性好，并有抗雾级产品，被包装商品的展示性能很好。

基于上述众多的优点，PVC缠绕膜在超市的畜产品、果蔬产品的单个与集合包装、托盘包装以及家用冰箱保鲜用膜等方面的应用均有较为良好的效果。

几种具代表性的软质PVC包装薄膜的性能如表1-18所示。

表1-18 几种软质PVC包装薄膜的性能 （薄膜的厚度均为0.054mm）

项 目		肉类包装缠绕薄膜	防雾包装薄膜	收缩包裹薄膜
相对密度		1.23	1.27	1.30
雾度/%		1.2	1.0	2.5
透光率/%		>90	>90	>90
拉伸强度/MPa	纵向	34.5	37.9	32.4
	横向	31.0	37.9	37.9
伸长率/%	纵向	275	300	90
	横向	275	325	275
撕裂强度/(N/mm)	纵向	116	125	129
	横向	176	193	222
吸水性(24h)/%		0	0	0
透氧性(23℃,50%RH)/[cm³·μm/(m²·24h·kPa)]		3342	1321	
透水蒸气量(38℃,90%RH)/[g·mm/(m²·24h)]		6.3	3.9	

和聚乙烯、聚丙烯等通用塑料相比，聚氯乙烯包装用薄膜的一个特点是多以单膜的形式使用，作为复合薄膜基膜的应用则不多见。

（二）聚偏二氯乙烯薄膜 （PVDC薄膜）

PVDC是聚偏二氯乙烯的简称。PVDC有均聚体和共聚体两个大类，均聚体由偏二氯乙烯聚合而成，共聚体通常由偏二氯乙烯和氯乙烯单体或者偏二氯乙烯和丙烯酸单体共聚而得。由于偏二氯乙烯的均聚体成型加工极其困难，聚偏二氯乙烯的工业产品，基本上均为偏二氯乙烯共聚物。

PVDC薄膜有管膜与平膜两种，前者由吹胀法制得，后者由流延法制造。PVDC薄膜是一种极佳的阻隔性包装材料，它不仅是阻隔性能最好的薄膜之一，且它的阻隔性能不像PVA或EVAL那样受湿度变化的影响，而是比较稳定，即使在高湿度条件下，仍然有高的阻隔性。除极其优良的阻隔性之外，PVDC薄膜还具有良好的透明性和良好的耐热、耐寒性，甚至可以直接包装蒸煮食品，因此在火腿肠等加工食品的生产中得到了很好的应用。

PVDC 肠衣薄膜例见表 1-19～表 1-21[12]。

表 1-19　美国陶氏公司的 PVDC 肠衣薄膜的性能

项目	单位	树脂型号	
		Saran168	GG98
厚度	μm	41	40.8
拉伸强度（MD/TD）	MPa	60.3/101	95/132
断裂伸长率（MD/TD）	%	93.4/65.6	234/96
2.5%的正割模量（MD/TD）	MPa	306/282	373/297
热水收缩率（MD/TD）	%	23.5/16.7	24.6/18.4
摩擦系数（膜对膜）		0.17	0.18
氧气透过量	cm³/(m²·d)	18.8	18
水蒸气透过量	g/(m²·d)	3.4	3.0

注：Saran168 为美国陶氏公司的 PVDC 树脂；GG98 为日本吴羽化学公司的 PVDC 树脂，树脂中 VDC 和 VC 单体的比例约为 85/15。

表 1-20　日本吴羽公司肠衣薄膜的性能指标

项目		单位	树脂牌号	
			KM 10R	GG98
厚度		μm	40	40
氧气透过量		cm³/(m²·d·0.1 MPa)	40.5	14～18
水蒸气透过量		g/(m²·d·0.1 MPa)	4.6	3～4
断裂强度	MD	MPa	110	70～140
	TD	MPa	128	100～190
断裂伸长率	MD	%	101	90～140
	TD	%	100	70～120
2.5%的正割模量	MD	MPa	340	300～500
	TD	MPa	270	230～430
100 沸水收缩率	MD	%	28	20～30
	TD	%	21	15～25

注：KM 10R 为日本吴羽化学公司的 PVDC 树脂。

表 1-21　我国的 PVDC 肠衣薄膜标准

项目	单位	指标值
厚度	μm	35～50
厚度均匀性	μm	±2
拉伸强度（MD/TD）	MPa	≥60/80

续表

项目	单位	指标值
断裂伸长率（MD/TD）	%	≥50/40
热水收缩率（MD/TD）	%	15～35
摩擦系数（膜对膜）		≤0.45
氧气透过量	cm³/(m²·d)	≤25
水蒸气透过量	g/(m²·d)	≤5

由于 PVDC 采用热熔法加工时极易分解，需要采用特定配方及设备，工艺上也需要严加控制，PVDC 树脂的熔融加工成膜技术，是塑料制品成型加工中最困难的工艺之一；通过 PVDC 乳液涂布的方法，赋予 PE、PVC、CPP、BOPP、BOPET、BOPA 等膜状基材高阻隔性，是一种比较方便可行而效果很好的方法。涂布 PVDC 乳液，还可以以极少的 PVDC 树脂，得到上佳的效果，有节约资源、替代高档材料使用、降低成本的功效。涂布 PVDC 的薄膜，通常人们又习惯于称为 K-膜，例如 PVDC 涂布的 BOPP 称为 K-BOPP、PVDC 涂布的 BOPET 称为 K-BOPET 等。PVDC 涂布的薄膜是目前软包装行业中，干法复合与无溶剂复合使用较多的阻隔性基材之一。

PVDC 涂布薄膜示例见表 1-22、表 1-23[13,14]。

表 1-22　浙江野风塑胶有限公司的 PVDC 涂布薄膜常用规格

型号	品名	厚度/μm	宽度/mm	长度/(m/卷)
YFA302	K-OP	21、25、27、30	300～1280	4000～6000
	K-PET	14、17	300～1250	6000～12000
	K-PA	17	300～1250	4000～6000

表 1-23　浙江野风塑胶有限公司的 PVDC 涂布薄膜的性能指标

项目	单位	K-OP	典型值	K-PET	典型值	K-PA	典型值
拉伸强度（纵/横）	MPa	≥130/200	155/225	≥100/100	175/165	≥150/120	180/135
断裂伸长率（纵/横）	%	≤120/65	95/50	≤160/160	95/105	≤100/65	75/50
热收缩率（纵/横）	%	≤4/2	1.5/1	≤2/1	0.5/0	≤3/3	1.5/1.5
雾度	%	≤4.0	1.8	≤5.0	2.3	≤5.0	3.0
表面张力	mN/m	≥38	42	≥38	42	≥38	42
热封强度	N/15mm	≥1.0	1.85	≥1.0	1.85	—	
水蒸气透过量	g/(m²·24h)	≤6	1.93	≤10	7.03	≤10	5
氧气透过量	cm³/(m²·24h)	≤20	8.6	≤15	4.22	≤10	7
密度	g/cm³	0.98～1.0	0.99	1.44～1.46	1.45	1.2～1.22	1.21
溶剂残留	mg/m²	≤2.0	<0.5	≤2.0	0.05	≤2.0	<0.5

注：典型值为产品性能的检测数据，请勿理解成保证值；若有特殊的性能要求，请先行得到确认。

（三）聚乙烯醇薄膜（PVA 薄膜）

聚乙烯醇由醋酸乙烯酯水解制得，是目前最不容易用通用塑料成型设备成型加工的热塑性塑料之一。PVA 薄膜经典的制备方法是溶液流延法，近年来熔体流延与吹塑法也在研究之中并取得了积极的进展，但尚有许多需要完善的地方，还未得到广泛的应用。

PVA 薄膜具有特别优良的阻隔性，在干燥环境中透氧性接近于零，是通用薄膜中阻隔性最佳的品种，但在潮湿的环境中阻隔性会大大下降，同时还具有较大的吸湿、透湿性。PVA 薄膜的特点还有：突出优点是强韧性好，不带静电、有高极性、高透明性、光泽好，又有很好的耐油性和耐有机溶剂性，拉伸强度高，延伸率大，极柔软，手感极好。

PVA 薄膜因树脂水解度的不同，有常温水溶和常温不溶性两个大类，分别被称为可溶性薄膜和不溶性薄膜。水溶性薄膜可用于染料、洗涤剂、农药等小包装，采用水溶性薄膜的计量单元包装，使用时有使用方便、计量准确度高、不用直接接触农药、染料等有毒有害物质等优点。常温水不溶者则主要用于高级纺织品及服装等商品的包装，其高透明、高光泽以及不带静电不吸灰尘的特点，对商品有良好的促销作用；常温水不溶类 PVA 薄膜，也是一种高阻隔性复合薄膜的潜在的阻隔性基材。

在包装领域新近开发的重要性较大的一个产品是以改性 PVA 树脂溶液为涂布液，对 BOPP、BOPET、BOPA 等双向拉伸薄膜进行改性所生产的 PVA 涂布膜，涂层可大幅度提高基膜的阻隔性。以 PVA 涂布膜为基材，通过干法复合、无溶剂复合等方法所生产的复合薄膜，具有很好的阻隔、透明性且价格适中等优点，被业界认为是最有发展前景的包装材料之一。PVA 涂布薄膜示例见表 1-24[14]。

表 1-24　PVA 涂布薄膜的性能

项目		单位	APET	AOP	APA
厚度		μm	13	19	16
雾度		%	4	3	3
热收缩率	MD	%	≤5	≤1.5	≤2
	TD	%	≤4	≤1.0	≤1.5
拉伸强度	MD	MPa	120	240	180
	TD	MPa	200	255	185
断裂伸长率	MD	%	150	70	100
	TD	%	60	65	100
表面张力		mN/m	≥40	≥38	≥40
氧气渗透率		$cm^3/(m^2 \cdot atm^① \cdot d)$	5.0	5.0	5
水蒸气渗透率		$g/(m^2 \cdot d)$	13.0	5.5	

① 1atm=101325Pa。

注：APET 为 PVA 涂布 PET 薄膜；AOP 为 PVA 涂布 BOPP 薄膜；APA 为 PVA 涂布 BOPA 薄膜。

本节概略地介绍了包装领域中常见的各种塑料薄膜的一般情况，常见塑料包装薄膜的基本特征的定性描述见表 1-25[15]。

表 1-25　常见塑料包装薄膜的基本特征的定性描述

塑料薄膜	耐热耐寒性		阻隔性		透明性	机械强度	后加工性		
	耐热	耐寒	阻氧	阻水蒸气			热封	印刷	热成型
LDPE	较差	优	差	良	良	较差	良	良	优
HDPE	良	优	差	优	差	良	良	良	优
LLDPE	较差	优	差	良	较差	良	优	良	良
双峰 PE	差～良	优	差	良～优	差	良～优	良	良	优
EVA	差	优	差	较差	良	良	优	良	良
CPP	良	差	差	优	优	优	优	良	可
BOPP	良	可	差	优	优	优	差	良	差
PVC	差	可	良	良	优	良	良	优	优
PET	优	优	良	可	优	优	差	良	差
PA	优	优	良	差	优	优	差	良	差
EVOH	较差	良	优	较差	优	良	差	良	优
PVDC	良	良	优	优	优	良	可	良	差
PVA	可	良	优	差	优	良	差	优	差

第三节　铝箔、纸张及含无机涂层的塑料薄膜等软复合基材

　　铝箔、纸张及含无机涂层的塑料薄膜等软复合基材的一个共同的特点是，它们都是塑料软包装材料的重要的基材，但铝箔、纸张及含无机涂层的塑料薄膜只能作为塑料软包装材料的基材使用，不能作为塑料软包装材料的终端产品直接应用，而塑料薄膜则既可作为塑料软包装材料的复合基材使用，也可作为一种塑料软包装材料使用。

一、铝箔

　　作为包装材料使用的铝箔，有硬铝和软铝两个大类。硬铝铝箔用于药片、药丸的泡罩包装，软铝铝箔则是复合软包装材料的一种常用基材。软铝铝箔的厚度大多为 $7\sim9\mu m$，也有少量厚度为 $11\mu m$ 甚至更厚些的产品。

　　铝箔是用高纯度铝锭经多次压延后使其变成极薄形式的膜状基材，由铝板压延制造铝箔的过程中，除了要有高纯度的铝材原料外，还要用非常精密的压延设备，压延时需要用大量的润滑油对它进行冷却和润滑。每压一次，其厚度减少很

多，当压延到相当薄时，通常会把两片铝贴在一起再去进行压延变薄，所以最后的产品总是直接接触压延辊的那一面光，铝箔的另一面在压延过程中和另一铝箔接触而不直接和压延辊接触，因此表面不是光面而比较毛糙；如果总是单片压延，其最后产品则两面都是光的。

压延好的铝箔，在最后收卷之前，要用大量的低沸点有机溶剂对其表面进行清洗，将压延时所使用的润滑油清洗干净，经清洗后的铝箔收卷起来，即硬质铝箔；硬质铝箔再放到高真空（0.0133Pa 也就是 10^{-4} mmHg）的退火炉中，加热到 350～500℃高温处理后（退火）而得的产品质地变软而成软质铝箔。

在退火过程中，清洗铝箔时残留在其表面的极少量的润滑油，也会被烧掉，油污减少、使表面清洁度提高，有利于印刷粘接；由于铝是活泼性金属，在高温下很易跟退火炉中残存的氧气发生氧化作用，使铝箔变质。为了避免过度氧化的现象发生，退火时要尽量把空气抽光。

压延铝箔本应是阻隔性能非常好的材料，不透光，不透湿、不透气，但是，由于铝的纯度和生产环境空气中尘埃的关系，当压延到 10μm 以下厚度时，往往会有针孔存在，针孔数的多少和孔径的大小，基本上取决于尘埃的多少和尘埃颗粒直径的大小。孔越多，孔径越大，则透过性也越大，阻隔性就越差。所以，在生产铝箔时，要用高纯度的铝锭原料，铝的纯度最少要大于 99.5%。另外，压延车间要无灰尘，空气要过滤净化，车间内处于正压状态，空气只能从车间里往外逸出去，外界未净化的空气不能进来。这种条件下压延出来的铝箔才不会有很多针孔。一般来说厚度 7μm 的铝箔，其针孔数应少于 200 孔/ m²，9μm 的铝箔应少于 100 孔/m²，11μm 的铝箔应少于 30 孔/ m²，且孔径不得大于 20μm。随着加工设备和工艺技术的进步，当今铝箔的质量又有很大提高，特别是针孔数大大减少，据说 6μm 厚的铝箔针孔只有 100 个、7μm 厚的下降到 50 个、9μm 厚的只有 5 个，而 15μm 厚的就没有针孔了。这对提高铝箔的阻隔性能十分有利。当针孔数少，孔径又不大时，把铝箔与其他材料复合起来后，其阻隔性能还是十分优良的。各种铝箔的一般性能如表 1-26 所示[15]。

表 1-26　铝箔的性能

项目 材质	拉伸强度/MPa		伸长率/%		破裂强度/kPa
	纵向	横向	纵向	横向	
硬质铝	1.87	1.99	0.5	1.7	50
软质铝	1.28	1.30	0.5	1.0	42

紧密的氧化膜覆盖着，一般硬铝的表面氧化膜厚度约 $1×10^{-9}$ m。软铝比较厚一点，可达 $3×10^{-9}$ m。这种氧化膜比较稳定，起到保护更里面的铝不再被氧化的作用，也使其表面产生更多的极性，有利于粘接和印刷。

铝箔本身极薄，表观机械强度不高，易撕碎、折断，不能单独作为包装材料使用，而是要与塑料薄膜等基材复合后才能充分发挥它的耐高低温性和高阻隔性的突出优点。

铝箔与别的基材粘接起来时，其表面的清洁程度，对粘接的难易起着决定性作用，其中油污又是关键性问题。上面说过，压延时用了大量润滑油，虽经清洗、退火，但难免残留一些。而残留多少就决定了它的清洁程度的好坏。若油污较多，有一层油膜，则起到脱模和妨碍粘接的作用。

铝箔的清洁度一般分为 A、B、C、D 四级，表明油污多少。其中 A 级最好，几乎没有油污，表面张力在 72mN/m 以上。

A、B、C、D 四级的测量方法如下所述。

准备测量液如下。

A 级液体：由 100％的蒸馏水组成；

B 级液体：由 10％的无水乙醇与 90％的蒸馏水组成；

C 级液体：由 20％的无水乙醇与 80％的蒸馏水组成；

D 级液体：由 30％的无水乙醇与 70％的蒸馏水组成。

检测方法：将需检测的铝箔放置在一个 45°角倾斜面的平木板架上或玻璃板上摊平。用上述 A、B、C、D 四级液体依次分别喷淋，铝箔表面应全部均匀被其中的某一级检测液体润湿成液膜，不收缩成块或点，没有水珠或液珠，则此铝箔就符合该级液体的级别了，由此确定其清洁度是 A、B 级还是 C、D 级。

当然，也可使用高表面张力的达因检测笔去测定铝箔的表面张力。

对于复合软包装材料生产厂家来说，最好使用清洁度 A 级的铝箔，它的表面张力在 72mN/m 以上，若达不到这么高的要求，也应选择清洁度在 B 级以上的铝箔，清洁度低于 B 级的铝箔，黏结效果不好，不宜采用。

二、含无机涂层的塑料薄膜

含无机涂层的塑料薄膜，主要有含蒸镀铝层的塑料薄膜、含蒸镀氧化硅层的塑料薄膜、含蒸镀氧化铝层的塑料薄膜，此外还有含氧化硅与氧化铝的复合蒸镀层的塑料薄膜。

（一）含蒸镀铝层的塑料薄膜

又称真空镀铝薄膜或者喷铝薄膜，指在高真空度下，铝经高温气化，然后使气化的铝骤冷，沉积、堆积而涂敷到塑料薄膜（基膜）的表面上，在塑料薄膜上形成一个镀铝层而得到镀铝薄膜。镀铝薄膜有两个大类，一类是镀铝层较薄的镀铝薄膜，功效是赋予薄膜高的光泽，起装饰作用；另一类是镀层较厚的镀铝薄膜，这类薄膜对氧气、水蒸气、低分子香料成分的阻隔性能，是当今大量应用的高阻隔性塑料软包装材料的复合基材。镀铝薄膜在整个塑料薄膜中所占比例并不大，据文献介绍，镀铝 PET 薄膜约占 PET 薄膜的 1/10，镀铝 BOPP 薄膜约占 BOPP 薄膜的 1/10，但在阻隔性包装材料等方面的应用，镀铝薄膜却是一个十分重要的、应用较多的品种[16]。

为表述方便，通常在镀铝膜的基膜代号的前面，冠之以英文大写字母 VM。例如以双向拉伸聚酯薄膜为基膜的镀铝薄膜，表示为 VMBOPET；以流延聚丙烯为基膜的镀铝薄膜，表示为 VMCPP 等[14]。

镀铝薄膜一般采用耐热性及机械加工性能均较为优良的 BOPP、BOPET、BOPA、CPP 等材料为基材，经真空镀铝而得。在上述基材中，BOPET 薄膜具有均衡而优良的物理力学性能而且价格比较适中，因此 BOPET 镀铝薄膜，在阻隔性软包装基材中，具有较大的重要性和较强的竞争能力，生产应用量也比较多。近年来对透明性优、热封性好的 PVC 镀铝薄膜的产业化技术，也开始了研究[17]。

1. 镀铝塑料薄膜的特征

(1) 高阻隔性 真空镀铝薄膜在阻隔性能的测试值与铝箔尚有一定差距[18]，见表 1-27。但由于真空镀铝薄膜具有良好的柔韧性能，不会像铝箔那样出现因屈挠龟裂而导致的阻隔性能大幅降低的问题，因此在某些场合下，真空镀铝薄膜的复合包装材料，甚至会比含铝箔的复合包装材料表现出更好的阻隔性能。

表 1-27 几种阻隔性复合基材的透过性

性能	PET	VMPET	KPET	KVMPET	铝箔
水蒸气透过性/[g/(m² · 24h)]	40	1.0	7.0	0.3~0.6	<0.5
氧气透过量/[mL/(m² · 24h)]	30	5.0	2.0~3.0	≤0.5	0
透光率/%	≤100	≤10	≤100	≤10	0

在特定工艺条件下，人们还可以获得更高阻隔性的真空蒸镀的镀铝薄膜，例如黄三永新已研发出透湿性小于 0.01g/(m² · 24h)，透氧性小于 0.1cm³/(m² · 24h) 的镀铝薄膜[19]。

(2) 良好的光学、美学效果 除阻氧防潮之外，镀铝塑料薄膜对可见光及紫外线还具有良好的反射功能。由于镀铝塑料薄膜，具有良好的光反射性和鲜亮的金属光泽，它与油墨形成的鲜明的色彩反差，产生绚丽夺目的光学效果，用作包装时可明显地改善商品的外观，提高了产品的档次与品味，从而可提高商品对顾客的吸引力。

(3) 节约资源显著 和铝箔相比，镀铝薄膜可大大节约铝的用量，节省资源和能源，降低生产成本：复合用铝箔厚度一般为 7μm 左右，而阻隔性镀铝薄膜的铝层厚度仅 0.05μm 左右，也就是说镀铝薄膜的铝材的耗用量为铝箔的 1% 以下，镀铝薄膜类复合软包装材料可以较铝箔型复合软包装材料节约 99% 的铝材！

(4) 环保适应性佳 由于镀铝塑料薄膜表面的铝层的厚度很薄（只几十纳米），远远低于包装用铝箔的厚度（成千甚至上万纳米），在废弃物回收处理时，含铝箔的复合薄膜，铝箔需要分离处理，而镀铝塑料薄膜的镀铝层可忽略不计，可将镀铝薄膜视为单一的塑料薄膜，不需要分离处理，从而简化废弃物的回收处理工序，降低废弃包装材料的处理成本；镀铝薄膜焚烧处理过程中，无有毒有害物质产生，对环境保护的适应性佳。

由于镀铝薄膜，存在上述众多优点，镀铝膜在阻隔软包装领域中得到了迅速的发展，很快地取代了铝箔类阻隔性复合薄膜的很多应用领域，例如榨菜、果冻等商品的销售包装。

2. PET 真空镀铝薄膜

8231 高阻氧型 BOPET 真空镀铝薄膜，是杜邦已商业化的一款高阻隔BOPET 镀铝薄膜。镀铝层的厚度可达 500Å（$1\text{Å}=10^{-10}\text{m}$）左右，甚至将镀铝层的厚度提高到 680Å 的水平，因而它阻隔性能得到大幅的提高，镀铝层厚度为 680Å 时，氧气透过率在 $0.2\text{mL}/(\text{m}^2 \cdot \text{d} \cdot \text{atm})$ 以下[20]。

3. 镀铝塑料薄膜的应用

(1) 阻隔性包装 镀铝塑料薄膜有优良的阻氧防潮以及优良的阻隔紫外线的特性，镀铝塑料薄膜与热封基材（聚乙烯薄膜、流延聚丙烯薄膜等）复合，制得的复合薄膜用于商品包装，特别是高油脂食品、干燥食品、芳香食品的真空、充氮包装以及需要隔氧、防潮的医药包装，可以有效防止包装内容物氧化、受潮引起的变质，且金属般的外观有助于促进商品的销售，因此大量应用于食品、医药、化妆品等商品的包装材料，在一些特定领域，例如榨菜包装，过去应用铝箔的复合薄膜，现在几乎全部被镀铝薄膜的复合薄膜所替代。

(2) 激光防伪 利用镀铝塑料薄膜优良的亮度、挺度、力学性能以及较高的耐温性能，将 $25\sim36\mu\text{m}$ 的双向拉伸聚酯基膜的镀铝膜，进行特殊的模压处理，使镀铝薄膜产生全息的效果，从而达到防伪的目的。

(3) 烫金修饰 烫金膜是一种特殊的镀铝塑料薄膜，薄膜在镀铝之前后分别对进行离型、上色和增黏处理。其工艺过程如下：

镀铝之前，先在基膜的表面预涂一个离型剂层（一般采用硅树脂涂布），然后涂上一个上色层再真空镀铝，镀铝之后在其表面涂布一个胶黏层完成烫金膜的制造。

烫金膜借助于外部加热、加压，将金属箔及颜料层烫印（转移）到承印物上，经过烫印的产品具有特殊的金属光泽和华丽的外观，呈现绚丽夺目的图案，对承印物产生上佳的修饰效果；烫印的对象包括印刷品、纸张、塑料等多种材料，在装饰品市场及包装市场均已得到广泛的应用。

（二）含蒸镀氧化硅层的塑料薄膜

1. 含蒸镀氧化硅层的塑料薄膜的一般情况

在蒸镀氧化物型阻隔性包装薄膜中，蒸镀氧化硅型透明阻隔性包装薄膜，是开发应用比较成功的一个品种，也是 20 世纪末期，复合软包装领域中，最引人注目的重大突破之一；蒸镀氧化硅型阻隔性包装薄膜，是透明蒸镀型阻隔型包装薄膜的代表性产品，被塑料软包装界普遍认为是最有发展前途的软包装材料之一。

蒸镀氧化硅型阻隔性包装薄膜和镀铝型阻隔性包装薄膜之间，具有很多类同的地方，诸如：涂敷的阻隔性涂层的厚度都很薄，仅仅几十纳米，因此，具有节约资源显著的特点；薄膜对氧、水蒸气和芳香类物质都同时具有很高的阻隔性。

蒸镀氧化硅型阻隔性包装薄膜和镀铝阻隔性薄膜毕竟是完全不同的两种材料，它们之间存在着重大的差异，比如蒸镀氧化硅型阻隔性包装薄膜具有良好的透明性，对所包装的商品具有优良的展示性能，具有更加的商业效果（当然对于需要遮光储存的商品，则不宜使用蒸镀氧化硅型阻隔性包装薄膜）；又如，镀铝型阻隔性包装薄膜因含有金属铝的涂层，不能透过微波，因此不能用于微波食品的包装，与之相反，蒸镀氧化硅型阻隔性包装薄膜，具有良好的微波透过功能，可以用于微波食品包装，包装的食品可以在微波炉里加热，等等。

2. 蒸镀型氧化硅阻隔性包装薄膜的特性

我们可以列举蒸镀型氧化硅阻隔性包装薄膜的众多具有实际应用价值的特性，首先是对氧气和水蒸气的特别优良的阻隔性，虽然由于各公司生产方法或生产条件不同，不同蒸镀型氧化硅阻隔性包装薄膜工业化品牌，阻隔性方面有一定的差异，但总体上均接近于铝箔而明显地高于普通阻隔性包装薄膜，而且当蒸镀型氧化硅阻隔性包装薄膜与 PE、CPP 等热封性薄膜复合之后，阻隔效果更佳，见表 1-28[14]。

表 1-28　一些蒸镀型氧化硅阻隔性包装薄膜的阻隔性

国家及公司	基材	蒸镀膜	阻隔性	
			透氧率 /[mL/(m² · d)]	透湿率 /[g/(m² · d)]
日本 TOTO	PET	SiO_x	2	3
	PA/OPP	SiO_x	0.7	5.4
德国 Leybold	PET	SiO_x	1.5	
意大利 Ce. Te. V	PET	SiO_x	1～3	1～2
Plex Products Inc.	PE	Al_2O_3,SiO_x	1～2.5	2.17
AircoCoatingTechnology. co	PET	SiO_x	3.0	1.0
加拿大	PET		1.0	0.2

除了优良的阻氧防潮性之外，蒸镀型氧化硅阻隔性包装薄膜还可具有良好的保香性、耐油性，适合于各种食品的包装；蒸镀型氧化硅阻隔性包装薄膜透明性好，对商品具有良好的展示效果，用于销售包装，促销效果显著；蒸镀型氧化硅阻隔性包装薄膜微波透过性好，适用于微波加热食品包装；蒸镀型氧化硅阻隔性包装薄膜耐高、低温性好，使用温度范围宽，可用于蒸煮包装与冷藏包装；蒸镀型氧化硅阻隔性包装薄膜具有优秀的耐药品性，可用于耐酸碱的包装；蒸镀型氧化硅阻隔性包装薄膜环境友好，易于回收利用，燃烧时不会产生有毒有害物质，对环境不会造成污染，等等。

在应用蒸镀型氧化硅阻隔性包装薄膜时，需要特别注意的有如下几点。

(1) 阻隔性与涂层膜厚间的关系　蒸镀型氧化硅阻隔性包装薄膜，当 SiO_x 蒸镀层的厚度低于 50nm 时，阻隔性随着涂层厚度的增加而增加，当 SiO_x 蒸镀层的厚超过 50nm 后，薄膜的阻隔性能基本保持不变，趋于一个定值。

(2) 阻隔性与蒸镀涂层的组成及构造间的关系　蒸镀型氧化硅阻隔性包装薄膜的蒸镀涂层，是 Si_3O_4、Si_2O_3 和 SiO_2 等物质的混合物，可用 SiO_x 表示，通常 SiO_x 中 x 的值控制在 1.5～1.8 之间。SiO_x 阻隔性包装薄膜的阻隔性能，随着 SiO_x 的 x 值的增大而减小，同时膜层的颜色随着 x 的增大而变得更加无色透明，当 x 值达到 2 时，阻隔性能最差，镀 SiO_x 层完全无色透明[21]。

(3) 阻隔性与环境温度间的关系　通常有机聚合物的物质透过率对温度的依赖关系较大，随着温度的上升，其阻隔性显著下降，与此相反，无机物的透过率对温度的依赖关系较小，阻隔性的变化比较小。图 1-1、图 1-2 中，给出了蒸镀型氧化硅阻隔性包装薄膜（PET/GT）复合后的阻隔性以及 PVDC 类复合阻隔性与温度间的关系。由图 1-1、图 1-2 可知，即使在高温情况下，氧化硅蒸镀膜也表现出极优良的阻隔性，因此作为蒸煮包装薄膜的基材使用具有独到的优势。

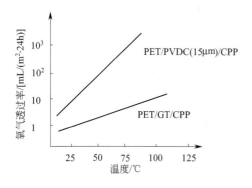

图 1-1　复合薄膜的气体阻隔性
与温度间的关系

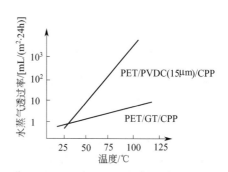

图 1-2　复合薄膜的水蒸气阻隔
性与温度间的关系

（4）蒸镀型氧化硅阻隔性包装薄膜的蒸煮性　蒸镀型氧化硅阻隔性包装薄膜镀层具有良好的耐高温性能，而且镀层与基膜间的结合牢度高（特别是化学蒸镀产品），PET 等耐高温基材的蒸镀型氧化硅阻隔性包装薄膜，可以用于蒸煮薄膜的基材使用，但要获得好的使用效果，必须注意与之配伍的热封层基膜和黏合剂的选择。

首先由于在蒸煮过程中，氧化硅镀膜会受到与之配伍的其他材料（粘接剂、热封薄膜等）热膨胀所产生的应力作用，这种应力绝对不能超过镀膜的强度，否则会引起涂层的破坏，因此与之配伍的基材，应当具有和它的相当的热膨胀系数。在基材具有相当的膨胀收缩量时，刚性的大小也应该作为主要因素加以考虑，应当选择杨氏模量小的基材。表 1-29 列出了蒸煮条件下，膨胀收缩及杨氏模量不同的几种市售的蒸煮用 CPP 热封膜，与蒸镀型氧化硅阻隔性包装薄膜（GT 薄膜——基膜为聚酯薄膜的蒸镀型氧化硅阻隔性包装薄膜）配伍，制得的蒸煮薄膜，蒸煮后薄膜阻隔性的变化[14]。表中 CPP 薄膜的膨胀收缩量数据，是 GT 薄膜膨胀量为 100 时的相对值。从表 1-29 中所列的、蒸煮后的氧气透过性可以看出，B 型 CPP 薄膜与 GT 薄膜的膨胀收缩量相近，杨氏模量也比较小，使用它作为热封层时，蒸煮时薄膜的阻隔性下降较小，作为蒸煮薄膜的热封层，是比较适合的。

表 1-29　由于热封层不同而对 GT 薄膜蒸煮性影响的测定实例

CPP 的种类		CPP 变形		蒸煮后的氧气透过性 GT/CPP 构成
类型	杨氏模量	MD	TD	
A60	3400	120	100	1.5～1.9
B70	2800	101	97	0.7～1.0
C70	3700	134	91	20.0～25.0
D70	—	123	85	1.3～1.7
E70	2100	115	108	1.3～1.7

注：1. 杨氏模量为 125℃下的值（用 TMA 测定）。

2. CPP 变形为蒸煮中的拉伸（这是将 GT 膜的拉伸作为 100 时的相对值）。

3. 氧气透过性为 mL/m²，24h，25℃，100%RH（125℃蒸煮 20min 后）。

除了注意选用配伍的热封层基材外，还需要注意胶黏剂的影响。

蒸镀型氧化硅阻隔性包装薄膜与热封层经干法复合制造蒸煮薄膜时，希望胶黏剂在蒸煮过程时比较柔软，以便在其他材料的变形传到蒸镀膜时，起到一个缓冲的作用，常用的聚氨酯系列的蒸煮型胶黏剂，对氧化硅蒸镀膜也可以表现出极优良的阻隔性，可在小样试验认证之后应用。

日本东洋摩通和东洋油墨制造（株）合作，所开发的、用于蒸镀型氧化硅阻隔性包装薄膜干法复合用蒸煮型胶黏剂见表 1-30[14]。

表1-30 日本东洋摩通的蒸镀型氧化硅阻隔性包装薄膜干法复合用蒸煮型专用胶黏剂

胶黏剂	胶黏剂的变形①/%	构成②	蒸煮后的氧气透过性/[mL/(m² • 24h)]
AD810	100	GT/810/CPP	1.5~2.0
AD900	125	GT/900/CPP	1.5~2.5

① 蒸煮中的拉伸(以AD810拉伸为100时的相对值)。

② AD810、AD900为商品名(东洋摩通)。

3. 蒸镀型氧化硅阻隔性包装薄膜典型产品示例

(1) BOC公司的QLF 美国BOC公司所开发的化学蒸镀型涂布技术,叫作PECVD法,该法生产的薄膜叫QLF即石英玻璃状薄膜(quartz like film)。QLF薄膜的阻隔性见表1-31[14]。

表1-31 QLF薄膜的阻隔性

项目	SiO_x/PET			SiO_x/PA			
蒸镀速度/(m/min)	100	150	200	100	200	250	300
透氧量/[cm³/(m² • 24h • 0.1MPa)]	1.1	1.6	2.0	0.9	3.0	5.0	10.0
透水蒸气量/[g/(m² • 24h)]	1.4	2.0	2.2				

注:PET薄膜厚12μm,蒸镀加工前的透氧量为115cm³/(m² • 24h • 0.1MPa);BOPA薄膜厚15μm,蒸镀加工前的透氧量为40cm³/(m² • 24h • 0.1MPa)。透氧量的测定条件为23℃,50%RH。

由表1-31可以看出,经过PECVD蒸镀加工以后,薄膜的阻隔性能明显改善,但阻隔性随蒸镀的线速度的升高而降低(蒸镀的线速度升高,镀层的厚度降低),当蒸镀速度为100m/min时,以PET为基膜的QLF薄膜的透氧量为1.1cm³/(m² • 24h • 0.1MPa);当蒸镀速度为150m/min时,以PET为基膜的QLF薄膜的透氧量为1.6cm³/(m² • 24h • 0.1MPa);而当蒸镀速度为200m/min时,以PET为基膜的QLF薄膜的透氧量增加到2.0 cm³/(m² • 24h • 0.1MPa)。对于水蒸气的透过性也有类似的情况,但即使蒸镀速度增加到200m/min,以PET为基膜的QLF薄膜的透水蒸气量亦仅2.2g/(m² • 24h),保持高阻隔的水平。以BOPA为基膜进行蒸镀加工时,也有类似的情况,当蒸镀线速度增加时,成品薄膜的阻隔性略有下降。

采用PECVD法制得的蒸镀薄膜,蒸镀层SiO_x和基材薄膜之间的结合,属于化学结合,涂层的牢度好,可采用挤出复合对其进行后加工,使熔融态的聚乙烯,直接与该蒸镀膜复合并得到很好的黏合牢度;此外,油墨亦和SiO_x涂层间有良好的黏附力,印刷效果良好。

采用PECVD法生产的、含蒸镀型氧化硅阻隔性包装薄膜,具有良好的卫生性能，已经获得 FDA 认可，可用于食品、医药品包装，此外它还有成本比较低廉的优势，综上所述，我们不难看出，QLF 型薄膜是一种性能突出的、具有实用性的阻隔性蒸镀薄膜。

（2）凸版印刷（日）公司的蒸镀薄膜产品 GL-E GL-E 是 GL 系列产品中蒸镀氧化硅的品种，阻隔性能极高，基材为 PET（厚 $12\mu m$）的 GL-E 薄膜，与 $30\mu m$ 厚的 CPP 薄膜的复合薄膜，透氧量仅 $0.5cm^3/(m^2 \cdot 24h \cdot 0.1MPa)$，透水蒸气量仅 $0.5g/(m^2 \cdot 24h)$。

GL-E 不仅阻隔性能好，而且阻隔性能的稳定性好，在温度、湿度等外界环境参数发生变化时，其阻隔性能的变化不大，始终保持在高阻隔性的水平。

GL-E 系列产品的后加工性能优良，可以采用凹版印刷、挤出涂敷（挤出复合）、干法复合等常规方法进行后加工。

GL-E 系列产品的另一突出的优点是环境保护的适应性好，主要表现在：低燃烧值，燃烧时不会损坏焚烧炉；燃烧时不产生含氯化氢以及二噁英等有害于环境的物质；焚烧时几乎不产生残渣。

GL-E 的缺点是在塑料薄膜蒸镀氧化硅以后微具黄色，用它包装商品会给人以陈旧的感觉，因此在部分商品的包装中的应用受到限制。为此凸版印刷公司开发了 GL-AE 等蒸镀氧化铝的品种；见图 1-3 。

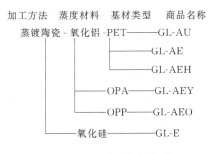

图 1-3 GL 系列产品概况

其中：

GL-AU 是以 PET 薄膜为基膜，经蒸镀加工而制得的高阻隔产品，具有能和铝箔阻隔性相匹敌的阻隔性，在世界上的透明型阻隔性蒸煮包装薄膜中，具有最高等级的阻隔性，可以代替铝箔使用；

GL-AE 是以 PET 薄膜为基膜，经蒸镀加工而制得的标准型产品，具有优良的透明性与阻隔性，可广泛用于替代 PVDC 薄膜以及 PVDC 涂布型薄膜使用；

GL-AEH 是以 PET 薄膜为基膜，经蒸镀加工而制得的产品，是以蒸煮包装为目的而开发的透明型阻隔包装薄膜，在透明型蒸煮包装薄膜中，它具有高度的阻隔性；

GL-AEY 是以双向拉伸尼龙薄膜为基膜，经蒸镀加工而制造的产品，阻隔性能优良，可以代替 K-BOPA 使用；

GL-AEO 是以双向拉伸聚丙烯薄膜为基膜，经蒸镀加工制造的产品，具有中等阻隔性，可以代替 K-BOPP 使用。

GL 系列产品的阻隔性见表 1-32 [14]。

表 1-32　GL 系列产品的阻隔性

品名	基材及其厚度 /μm	加工方法	透氧量 /[cm³/(m²·24h·0.1MPa)]	透水蒸气量 /[g/(m²·24h)]
GL-AU	PET 12	蒸镀	0.3	0.2
GL-AE	PET 12	蒸镀	0.5	0.6
GL-E	PET 12	蒸镀	0.5	0.5
GL-AEY	BOPA 15	蒸镀	0.5	8.0
GL-AEO	BOPP 20	蒸镀	1.0	4.0
OP-M	BOPP 20	特殊涂层	1.5	3.8

注：测试条件为透氧 30℃，70％RH；透水蒸气 40℃，90％RH。试样：表中的薄膜与 30μm 厚的 CPP 薄膜进行复合，制得的复合薄膜再进行性能测试。

（三）无机双元蒸镀

1. 无机双元蒸镀的一般情况

无机双元阻隔性蒸镀薄膜是蒸镀薄膜中的一种较新的品种，松田修成在文献中，介绍了无机双元阻隔性蒸镀薄膜的基本情况 [22]。

所谓无机双元阻隔性蒸镀薄膜，指在塑料薄膜的表面上，同时蒸镀氧化硅和氧化铝两种物质的薄膜。其蒸镀用基膜，可以是 PA 薄膜也可以是 PET 薄膜，由于同时蒸镀了两种氧化物，较之只蒸镀一种氧化物的一元蒸镀薄膜，可以具有一系列的优点。氧化铝、氧化硅双元蒸镀薄膜的主要的特征叙述如下。

该膜的特征是兼具优良的阻隔性、无色透明性以及受加工影响小的特征。蒸镀薄膜的模型图见图 1-4。

从图可以看出，采用双元蒸镀，蒸镀薄膜的主要特征是可以蒸镀较高的密度，蒸镀层柔软且阻隔性好，阻隔氧气的性能佳，而且无色透明。如果只蒸镀氧化硅，密度低时阻隔性不足，密度高时会产生颜色；如果只蒸镀氧化铝，则镀膜较硬易龟裂，蒸镀密度不宜过高，且一旦蒸镀层龟裂，则会导致阻隔性明显降低。

2. 日本东洋纺绩株式会社的无机双元蒸镀薄膜

日本东洋纺绩株式会社利用无机双元蒸镀，开发的系列工业化产品"エコシアール"，该无机双元蒸镀薄膜"エコシアール"主要牌号及特征见表 1-33。

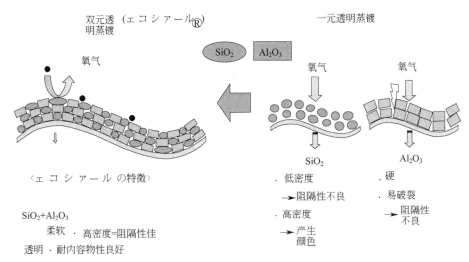

图 1-4　蒸镀薄膜的模型图

表 1-33　无机双元蒸镀薄膜"ェコシアール"主要牌号及特征

基膜	牌号	类别	厚度/μm	透氧性/[mL/(m²·24h·MPa)] [mL/(m²·24h)]	透水蒸气性/[g/(m²·24h)]	沸煮性	备注(用途)
PA	VN100	一般尼龙基膜	15	20(2.0)	3	可(用于三层的中间层)	重包装袋
	VN400	耐针孔尼龙基膜	15	15(1.5)	2	可(用于三层的中间层)	半生点心、年糕、奶酪、沸煮、蒸煮等特别对针孔性要求的应用
PET	VE100	一般阻隔型	12	20(2.0)	2	可	咸菜、干燥物品、点心、微波食品,沸煮食品等
	VE300	黏合性改良型	12	10(1.0)	1	可	咸菜、干燥物品、点心、微波食品,沸煮食品等
	VE500	高耐针孔阻隔型	12	3(0.3)	0.5	不可	干燥物品、点心、药品、电子零件、其他阻隔性应用

（1）尼龙基膜类双元蒸镀薄膜　在无机双元蒸镀薄膜中，以 PA 为基膜的透

明蒸镀阻隔性薄膜特别值得关注，尤其是其中的高阻隔、高耐针孔性薄膜 VN400。VN400 与常用共挤出尼龙薄膜、PVDC 涂布型尼龙薄膜的比较，见表 1-34。

表 1-34　无机双元蒸镀薄膜 VN400 与共挤出尼龙薄膜、PVDC 涂布型尼龙薄膜的比较

项目		阻氧性	阻隔水蒸气性	耐针孔性	复合强度	封合强度	穿刺强度	冲击强度
エコシアールVN400		◎	◎	◎	○	○	○	○
共挤尼龙	MXD6 类	×	△	×	◎	○	△	○
	EVOH 类	△	△	△	◎	○	△	○
K-PA		○	○	○	◎	○	○	○

注：◎优，○良，△可，×差。

从表可以看出，阻隔氧气、阻隔水蒸气以及耐针孔性等主要指标，无机双元蒸镀尼龙薄膜 VN400，较共挤出尼龙薄膜和聚偏二氯乙烯涂布尼龙薄膜均要好。几种阻隔性薄膜的阻氧性、阻隔水蒸气的定量指标值的比较见表 1-35。

表 1-35　无机双元蒸镀薄膜 VN400 与共挤出尼龙薄膜、PVDC 涂布型尼龙薄膜的阻隔性

项目		エコシアールVN400	MXD6 类阻隔性尼龙	EVOH 类阻隔性尼龙	K-PA
透氧性 /[mL/(m² · 24h · MPa)] [mL/(m² · 24h)]	湿度 65%	20(2.0)	85(8.5)	25(2.5)	75(7.5)
	高湿 90%	25(2.5)	110(11.0)	125(12.5)	88(8.8)
透水蒸气性/[g/(m² · 24h)]		2.8	12.2	10.0	4.8

注：测试样品，采用与 60μm LLDPE 复合的薄膜。

① 耐针孔性评价。由于エコシアールVN400 选用独特的耐针孔性尼龙薄膜 N2000 系列为基膜，通过与很薄的蒸镀阻隔膜层的协同效应，因此它耐针孔性特别优良。用三种模式进行试验后，用有色墨水测定薄膜的通孔，结果叙述如下。

a. 通过ゲルポ法（扭结法）处理，对耐针孔性进行评价。如图 1-5 所示将复合薄膜制成筒状，加以 440°扭转，使样品产生大的皱褶后，测定通孔数。在室温条件下，经 2000 次扭结，看不出阻隔膜间大的差异，但在低温下，仅仅经过 500 次扭结处理，穿孔都大幅度增加，仅エコシアールVN400 不发生变化，处于明显优势见表 1-36。

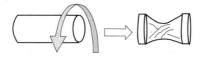

图 1-5　ゲルポ法（扭结法）处理

表 1-36　无机双元蒸镀薄膜 VN400 与共挤出尼龙薄膜、
PVDC 涂布型尼龙薄膜的耐针孔性（扭结法）

项目	ェコシアールVN400	MXD6 类阻隔性尼龙	EVOH 类阻隔性尼龙	K-PA
25℃×2000 次	0.4 个	1.1 个	1.0 个	0.5 个
5℃×500 次	0.3 个	11.5 个	4.3 个	4.1 个

注：测试样品，采用与 60μm LLDPE 复合的薄膜。

b. 采用摩擦法，对耐针孔性进行评价。样品经四折，角摩擦瓦楞纸，对耐针孔性进行评价见图 1-6。比较产生针孔前的距离，ェコシアールVN400 和 K-PA 产生针孔前的距离长，表现出良好的耐摩擦针孔性。测试结果见表 1-37。

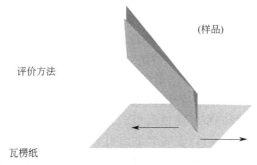

图 1-6　摩擦法

表 1-37　无机双元蒸镀薄膜 VN400 与共挤出尼龙薄膜、
PVDC 涂布型尼龙薄膜的耐针孔性（摩擦法）

项目	ェコシアールVN400	MXD6 类阻隔性尼龙	EVOH 类阻隔性尼龙	K-PA
针孔发生距离/cm	1125	236	261	1289

注：测试样品，采用与 60μm LLDPE 复合的薄膜。

c. 动试验对耐针孔性进行评价，振动试验按图 1-7 进行，振动处理后，测针孔数，结果见表 1-38。无论低温或者常温进行振动试验，ェコシアールVN400 的耐针孔性均处于优势地位。

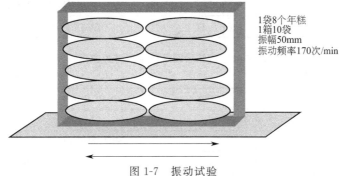

1袋8个年糕
1箱10袋
振幅50mm
振动频率170次/min

图 1-7　振动试验

表 1-38　无机双元蒸镀薄膜 VN400 与共挤出尼龙薄膜、
PVDC 涂布型尼龙薄膜的耐针孔性（振动法）

项目	エコシアールVN400	MXD6 类阻隔性尼龙	EVOH 类阻隔性尼龙	K-PA
5℃×1h	4	12	8	6
23℃×8h	7	17	14	13

②エコシアールVN 应用例。首先，用于 MDX6 系列、EVOH 系列阻隔性尼龙所使用的年糕、半熟点心、液体汤料乳酪等商品的包装基材方面，耐针孔阻隔水蒸气性好，结合新的标准，已经积累了 4～5 年的经验。

另外，在传统的透明 PET 蒸镀薄膜领域，因为无色透明，加工时阻隔性降低少，得到了应用。虽然沸煮、蒸煮包装材料，可采用透明蒸镀 PET/PA/热封层，但应用 PET/エコシアールVN/热封层可表现出新的优点。

从重视成本的角度，PVA、EVOH、PVDC、蒸镀铝薄膜为中间层的 3 层结构，可能代之以エコシアールVN/热封层的 2 层复合产品；从容器再生法的角度看，对消减包装的总量，也可寄予厚望。

（2）PET 为基膜型的高阻隔性品级エコシアールVE500　以 PET 为基膜的无机双元蒸镀薄膜，同样可以获得高耐针孔性。高耐针孔型薄膜エコシアールVE500，在印刷、复合以及使用时，受龟裂引起的阻隔性的降低少，正是基于无机双元蒸镀的工艺的开发应用。エコシアールVE500、VE100 经印刷、复合以及扭结试验后，阻隔性降低测定结果，见表 1-39、表 1-40。由表中数据可以清楚地反映出，高耐针孔型薄膜エコシアールVE500 经印刷、复合以及扭结试验后，阻隔性几乎没有下降，而对比的一般阻隔用的 VE100 薄膜，阻隔性则有比较明显的下降。

表 1-39　扭结后薄膜透氧性的变化

单位：mL/(m² · 24h · 0.1MPa)[mL/(m² · 24h)]

项目	VE500	VE100	处 理 条 件
未处理	3(0.3)	10(1.0)	
白色满印	3(0.3)	30(3.0)	油墨:使用无甲苯的单组分油墨
扭结试验	3(0.3)	54(5.4)	扭结条件:23℃,50 次

表 1-40　扭结后薄膜透水蒸气的变化

单位：g/(m² · 24h)

项目	VE500	VE100	处 理 条 件
未处理	0.5	1.5	
白色满印	0.6	2.6	油墨:使用无甲苯的单组分油墨
扭结试验	0.6	2.5	扭结条件:23℃,50 次

耐针孔性是阻隔性薄膜应用中，保持阻隔性的极为重要的性能指标。无机双元蒸镀，可以获得突出的耐针孔性，因此该工艺具有较强的实用性，值得我们关注。

三、纸张

纸是我国古代四大发明之一，由蔡伦发明造纸，至今已有近两千年的历史了。纸张是历史最为悠久、用途最广泛的包装材料之一。

纸由植物纤维加工而成，作为塑料软包装材料的复合用基材纸张有如下特征：

纸张由天然植物的木本（或者草本）纸浆制成，属可再生资源，且废弃物具有生物降解性、可回收再生性，焚烧时不产生有毒有害物质，环境保护适应性佳，纸张的合理使用，有利于人类的可持续发展；

纸张的刚性好，印刷性能好，不透明，具有一定的避光性能，且来源丰富价格低廉，是应用最多的包装材料之一，但作为包装材料，纸张在性能上存在许多重大的缺陷，诸如对氧气、二氧化碳及水、油脂等气体和液体的阻隔相当差，不具备热封性能等等，纸张与塑料薄膜类基材复合，可以使纸张的上述重大缺陷，得到有效的克服，因此纸塑复合材料的使用，有日益增长的趋势。

软包装领域中，传统的纸基复合材料，多与聚乙烯等通用塑料薄膜复合，性能间的相互弥补，对于扩大复合软包装材料的应用，发挥了积极的作用，但通用塑料的在自然环境中的不可降解性，使复合制品失去了纸品所固有的易回收、可降解的宝贵特性，废弃物的处置难度增大。随着科学技术的发展，近年来人们开发成功了聚乳酸与纸的复合软包装材料，在赋予纸张防潮、防油、热封等功能的同时，复合材料保留了纸张可生物降解的宝贵特质，是一个值得倡导的新品。

各种纸张有它们的性质。纸张的用途不同，对纸张的性质也有不同的要求。常用的纸张有如下几类。

（1）**凸版纸** 凸版纸的部颁标准见 QB24。

凸版纸分为一号、二号两种，主要供印刷书刊、杂志之用，又分卷筒凸版印刷纸和平张凸版印刷纸。

凸版印刷纸的性质主要是纸质松软、吸墨性强、纸面平滑、不起毛，以保证墨迹及时干燥、印刷图文清晰，虽然对其抗水性要求不高，但要求具有好的机械强度，要有好的弹性和不透明性，以免两面印刷时发生透印现象。

（2）**胶版纸** 胶版纸分为胶版印刷纸和胶版书写纸两种，它有卷筒胶版纸和平张胶版纸之分，又有单面胶版纸和双面胶版纸的区别。单面胶版纸的部颁标准见 QB25。

（3）**铜版纸** 铜版纸的部颁标准见 QB320 和 QB321。

铜版纸是在原纸的表面涂上一层白色涂料后经超级压光加工的涂料纸，主要用于胶印、凸印图版印刷和凹印网线产品，如画册、画报、月历、年历、商品样本、书刊精细插图、出口商标和宣传品等。

铜版纸均为平张纸，有单面和双面之分，它与其他印刷纸张不同，其质量既要取决于原胚纸样的质量，又要有较好的涂料加工及处理方法。

（4）白板纸 白板纸多为平张，分特级和普通两种并有单面和双面之分。它由里浆和面浆组成，面浆是漂白化学木浆、苇浆或破布浆；里浆一般用较次的木节浆、低级苇浆、稻草浆和废纸浆等。白板纸的面浆须加入适量的填料和胶料，以适应印刷的需要。

白板纸应洁白平滑，厚薄一致、质地紧密、不脱粉掉毛、伸缩性小、有韧性、折叠时不断裂并有均匀的吸墨性，这样才能符合印刷和包装商品的要求。

纸的特性是无毒、易燃、刚性、不透明、易印刷、好粘接，它的缺点是透过性大、防潮防湿性能差、机械强度不高。

把纸与各种塑料膜甚至加上铝箔复合起来，更可以充分发挥它的特长，在牛奶、果汁、香烟、奶酪、茶叶、咖啡等各种包装上应用甚广。

第四节 包装用复合薄膜示例

由多层不同的材料叠加而成的复合薄膜，通过不同材料间的性能间的增效效应及互补，可以大幅度提高薄膜的性能并可开发出各种实用性好、价格适中的功能性薄膜。本节拟以示例的形式介绍一些与干法复合及无溶剂复合有关的高阻隔功能性包装薄膜。

在我们生活的自然环境中，大气中存在有氧气、二氧化碳和水蒸气等物质，它们既是人类赖以生存的必要条件，然而也是引起众多物质破坏、变质的常见因素，特别是氧气和水蒸气，常常是商品（尤其是食品、药品之类的商品）储存中腐败变质的重要因素。由于氧气、二氧化碳和水蒸气等成分的存在，或者通过物理作用，或者通过化学作用，或者通过生物作用，或者通过物理、化学及生物的综合作用，导致商品变质的事例比比皆是。例如干燥食品，因吸水（受潮）而软化，丧失脆性；油炸食品（其中的易氧化成分）因氧化而"酸败"；氧是许多好氧菌赖以生存的必要条件，氧的存在，常常会导致细菌的快速繁殖，成为引起食品腐败变质的常见原因，加工肉类食品因细菌繁殖而腐败，都是这方面最具代表性案例。对于上述种种事件的抑制与避免，要求袋装商品在选用软包装材料时，尽可能地采用具有良好阻隔性的材料，以便包装袋内，形成一个与大气环境很好隔离的、不易导致商品变质的独立空间，确保袋中所包装的物品，不受（或少受）大气环境的影响，于是开发、应用阻隔性薄膜的工作应运而生。

自然环境中，对各种物质变质，影响最大的因素有大气中水分、氧气及其浓度等，其次是二氧化碳，然而由于在软包装领域中常见的聚烯烃类塑料，诸如聚乙烯、聚丙烯等，对水蒸气和水都具有良好的阻隔性，因此通常所关注的阻隔性，主要是包装材料对氧气、二氧化碳以及氮气等非极性气体以及油类物质的阻隔性能，所讲的阻隔性也一般泛指材料对氧气和二氧化碳等非极性气体以及油类物质的阻隔性能。严格地讲，软包装材料的阻隔性，不仅仅包括对氧气、二氧化碳等非极性气体以及油类物质的阻隔性，还应考查它对水蒸气的阻隔性，此外还有它对芳香类气体的阻隔性等。

1. 软包装材料阻隔性表征与分类

软包装材料对于气体的阻隔性，以在一定条件下，每平方米、每天（24h）通过的气体体积（mL）——气体透过量予以描述（简称透气量）。阻隔性薄膜的气体透过量越小，其阻隔性越高，反之软包装材料的气体透过量越大，其阻隔性差。

按照薄膜的透氧性的不同，可将薄膜粗略地分为三类：

① 阻隔性薄膜［厚度为 $2.54\mu m$ 的薄膜，透氧性$\leq 5mL/(m^2 \cdot 24h \cdot 0.1MPa)$］；

② 隔性（中阻隔性）薄膜［厚度为 $2.54\mu m$ 的薄膜，透氧性在 $5 \sim 200$ $mL/(m^2 \cdot 24h \cdot 0.1MPa)$ 之间］；

③ 阻隔性（非阻隔性）薄膜［厚度为 $2.54\mu m$ 的薄膜，透氧性> 200 $mL/(m^2 \cdot 24h \cdot 0.1MPa)$］。

按照上述分类原则，常用的薄膜中，属于高阻隔性的主要有 EVOH 及其复合材料、芳香尼龙 MXD6 及其复合材料、PVDC 及其复合材料、含铝箔层的复合材料、含高阻隔涂层的复合材料（包括含 PVDC 涂层、PVA 涂层、EVOH 涂层等）以及含高阻隔蒸镀层的复合材料（包括含蒸镀铝层、蒸镀氧化铝层、蒸镀氧化硅层等的材料）；中阻隔性薄膜主要有尼龙、涤纶及其复合材料等。

按薄膜对于水蒸气的阻隔性，以在一定条件下，每平方米、每天（24h）通过的气体质量（g）——透湿量予以描述。按照薄膜的透湿性的不同，也可将薄膜粗略地分为三类：

① 阻隔性软包装材料［厚度为 $2.54\mu m$ 的薄膜，在 $23℃$、$65\%RH$ 条件下，透湿性$\leq 2g/(m^2 \cdot 24h)$］；

② 阻隔性薄膜［厚度为 $2.54\mu m$ 的薄膜，在 $23℃$、$65\%RH$ 条件下，透湿性 $2 \sim 20g/(m^2 \cdot 24h)$］；

③ 阻隔性（非阻隔性）薄膜［厚度为 $2.54\mu m$ 的薄膜，在 $23℃$、$65\%RH$ 条件下，透湿性$> 20g/(m^2 \cdot 24h)$］。

国家标准 GB/T 5048 防潮包装中，从实用的角度出发，不考虑包装薄膜的厚度，只考虑薄膜的透湿度，把（40 ± 1）℃、相对湿度 $80\% \sim 92\%$ 条件下，透湿量$< 15g/(m^2 \cdot 24h)$ 的称为 3 级防潮包装薄膜；$< 5g/(m^2 \cdot 24h)$ 的称为 2 级防潮包装薄膜；$< 2g/(m^2 \cdot 24h)$ 的称为 1 级防潮包装薄膜。$\geq 15g/(m^2 \cdot 24h)$ 的则被排斥在防潮包装薄膜之外。

2. 阻隔性复合薄膜的具体示例

多层结构的复合薄膜，是阻隔性塑料软包装材料的常用结构；而采用胶黏剂将两种膜状材料黏合制取复合薄膜的干法复合、无溶剂复合，是制造阻隔性复合薄膜最常应用的复合工艺之一。

(1) 含铝箔的高阻隔性薄膜——蒸煮袋用薄膜　常见的含铝箔的高阻隔性薄膜有 BOPA/Al/CPP、BOPET/Al/CPP 及 BOPET/BOPA/Al/CPP、BOPET/Al/BOPA/CPP 等几种结构，上述结构的复合薄膜，由于有铝箔层的存在，具有极好的阻隔性；铝箔、BOPA、BOPET、CPP 等材料均具有优良的耐高温的性能，当胶黏剂选择得当，制得的复合薄膜可应用于 121℃ 及 135℃ 的高温蒸煮灭菌（目前多通过干法复合制造）。铝塑型蒸煮薄膜所包装的蒸煮食品，被人们誉之为"软罐头"，由于食品经过高温灭菌处理，且包装袋具有很高的阻隔性，能有效防止大气中的氧进入袋中，因此蒸煮食品具有特别长的货架期（保质期可达半年以上或更高）。蒸煮薄膜的物理力学性能如表 1-41 所示[14]。

表 1-41　BOPA/Al/CPP、BOPET/Al/CPP 及 BOPET/BOPA/Al/CPP、
BOPET/Al/BOPA/CPP 复合薄膜的物理力学性能

项　　目		指　　标			
		BOPA/Al/CPP、BOPET/Al/CPP		BOPET/BOPA/Al/CPP、BOPET/Al/BOPA /CPP	
		蒸煮前	蒸煮后	蒸煮前	蒸煮后
拉断力(纵、横向)/N		≥50		≥70	
断裂伸长率(纵、横向)/%		≥35		≥40	
撕裂力(纵、横向)/N		≥8.0		≥12.0	
剥离力/N	PET/Al	≥3.5	≥2.8	≥3.5	≥2.8
	PET/PA			≥3.5	≥2.8
	Al/CPP	≥4.5	≥3.4	≥4.5	≥3.4
	Al/PA	≥4.5	≥3.4	≥4.5	≥3.4
	PA/CPP			≥5.0	≥4.0
热合强度/N		≥40	≥32	≥50	≥40
抗摆锤冲击能/J		≥0.6		≥1.0	
水蒸气透过量/[g/(m²·24h)]		≤0.5		≤0.5	
氧气透过量 /[cm³/(m²·24h·0.1MPa)]		≤0.5		≤0.5	
耐热、耐介质性		袋内、外无明显变形、分层、破损			

（2）**含 PVA 涂层的阻隔性包装薄膜**　PE 薄膜是目前价格最便宜使用量最广的塑料薄膜之一，PE 薄膜本身的防潮性好，但阻氧性很差，PE 薄膜通过涂布 PVA 改性之后，不仅具有优良的防潮性能，阻隔氧气的性能也大幅度提高，但 PVA 的耐湿性差，如果 PVA 涂层暴露在空气中，直接与大气接触，PVA 会吸收空气中的水蒸气，在吸湿后，阻隔氧气的性能会大幅度降低；在 PVA 的涂布面，复合一层 PE 薄膜，还可以进行里印，改善印刷效果，复合后 PVA 涂层两侧均受到 PE 层的保护，即使在潮湿的环境中，也能具有优良的阻隔性能。

示例：黑白 PE（75μm）/PVA 涂层/油墨印刷层/胶黏剂/透明 PE（23μm）的复合薄膜，透氧率可低达 1cm^3/（m^2·24h·0.1MPa）左右，它作为一种高阻隔性包装材料，以其低廉的价格、优异阻隔性能和良好的环境保护适应性十分引人注目，是一种性价较好，竞争力较强的新产品，值得我们高度关注。黑白 PE（75μm）/PVA 涂层/油墨印刷层/胶黏剂/透明 PE（23μm）膜的物理力学性能见表 1-42。

表 1-42　黑白 PE（75μm）/PVA 涂层/油墨印刷
层/胶黏剂/透明 PE（23μm）膜的物理力学性能

检验项目		检测结果
拉伸强度/MPa	纵向	27
	横向	30
断裂伸长率/%	纵向	458
	横向	962
热封合牢度/（N/15mm）		17
氧气透过率/[cm^3/（m^2·24h·0.1MPa）]		1.0
剥离力/（N/15mm）	纵向	1.8
	横向	2.0

应用黑色的 PE 基膜，具有良好的遮光效果，有效地防止紫外线对内容物的危害；

如采用本色的薄膜为 PVA 的涂布基膜，则最终的复合薄膜不仅具有极佳的阻隔性，而且具有良好的透明性。

（3）**含氧化硅（SiO$_x$）蒸镀层的高阻隔复合薄膜**　在塑料薄膜的表面，蒸镀一层薄薄的氧化硅，可以得到一种高透明的高阻隔性薄膜，而且其阻隔性受温度的影响较小，即使在高温条件小下，仍保有很高的阻隔性。含 SiO$_x$ 蒸镀层的阻隔性包装薄膜的透氧及透湿性能见表 1-43。

表 1-43　含 SiO_x 蒸镀层的阻隔性包装薄膜的透氧及透湿性能

结构	透 O_2 性(30℃,70% RH) /[mL/(m² · d · 0.1MPa)]	透 H_2O 性(40℃,90% RH) /[g/(m² · d)]
SiO_x PET(12μm)/PE(60μm)	0.5	0.5
SiO_x BOPA(15μm)/PE(60μm)	0.7	6.5
OPP(20μm)/SiO_x BOPA(15μm)/PE(60μm)	0.2	0.8
KOPP(20μm)/CPP(60μm)	13	2.2
OPP(20μm)/EVOH(15μm)/PE(60μm)	0.5	5.5
BOPA(15μm)/PE(60μm)	60	15

蒸镀型氧化硅阻隔性包装薄膜的一些特性表述如下。

① 阻隔性与涂层膜厚有关。蒸镀型氧化硅阻隔性包装薄膜 SiO_x 蒸镀层的厚度低于 50nm 时，阻隔性随着涂层厚度的增加而增加，当 SiO_x 蒸镀层的厚超过 50nm 后，薄膜的阻隔性能基本保持不变，趋于一个定值。

② 阻隔性与蒸镀涂层的组成及构造间的关系。蒸镀型氧化硅阻隔性包装薄膜的蒸镀涂层，是 Si_3O_4、S_2O_3 和 SiO_2 等物质的混合物，可用 SiO_x 表示，通常 SiO_x 中 x 的值控制在 1.5～1.8 之间。SiO_x 阻隔性包装薄膜的阻隔性能，随着 SiO_x 的 x 值的增大而减小，同时膜层的颜色随着 x 的增大而变得更加无色透明，当 x 值达到 2 时，阻隔性能最差，镀 SiO_x 层完全无色透明[23]。

③ 阻隔性与环境温度间的关系。通常有机聚合物的物质透过率对温度的依赖系数较大，随着温度的上升，其阻隔性显著下降，与此相反，无机物的温度依赖系数较小，阻隔性的变化比较小，即使在高温情况下，氧化硅蒸镀膜也表现出极优良的阻隔性，因此作为蒸煮包装薄膜的基材使用具有独到的优势。

④ 蒸镀型氧化硅阻隔性包装薄膜的蒸煮性。蒸镀型氧化硅阻隔性包装薄膜镀层具有良好的耐高温性能，而且镀层与基膜间的结合牢度高（特别是化学蒸镀产品），PET 等耐高温基材的蒸镀型氧化硅阻隔性包装薄膜，可以用于蒸煮薄膜的基材使用，但要获得好的使用效果，只须注意与之配伍的热封层基膜和黏合剂的选择。

首先由于在蒸煮过程中，氧化硅镀膜会受到与之配伍的其他材料（黏接剂，热封薄膜等）热膨胀所产生的应力作用，这种应力绝对不能超过镀膜的强度，否则会引起涂层的破坏，因此与之配伍的基材，应当具有和它的相当的热膨胀系数。在基材具有相当的膨胀收缩量时，刚性的大小也应该作为主要因素加以考虑，应当选择杨氏模量小的基材。表 1-44 列出了蒸煮条件下，膨胀收缩及杨氏模量不同的几种市售的蒸煮用 CPP 热封膜，与蒸镀型氧化硅阻隔性包装薄膜（GT 薄膜——基膜为聚酯薄膜的蒸镀型氧化硅阻隔性包装薄膜）配伍，制得的蒸煮薄膜，蒸煮后薄膜阻隔性的变化。表 1-44 中 CPP 薄膜的膨胀收缩量数据，是 GT 薄膜膨胀量为 100 时的相对值。从表 1-44 中所列的、蒸煮后的氧气透过性可以看出，B 型 CPP 薄膜与 GT 薄膜的膨胀收缩量相近，杨氏模量也比较小，使用它作为热封层时，蒸煮时薄膜的阻隔性下降较小，作为蒸煮薄膜的热封层，是比较适合的。

表 1-44 由于热封层不同而对薄膜蒸煮性影响

CPP 的种类		CPP 变形②		蒸煮后的氧气透过性 GT③/CPP 构成
类型	杨氏模量①	MD	TD	
A60	3400	120	100	1.5～1.9
B70	2800	101	97	0.7～1.0
C70	3700	134	91	20.0～25.0
D70	—	123	85	1.3～1.7
E70	2100	115	108	1.3～1.7

① 杨氏模量：125℃下的值（用 TMA 测定）。

② CPP 变形：蒸煮中的拉伸（这是将 GT 膜的拉伸作为 100 时的相对值）。

③ 氧气透过性：mL/(m² · 24h)，（室内条件 25℃，100％RH）（125℃蒸煮 20min 后）。

除了注意选用配伍的热封层基材外，还需要注意黏合剂的影响。蒸镀型氧化硅阻隔性包装薄膜与热封层经干法复合（原则上也可考虑应用无溶剂复合）制造蒸煮薄膜时，希望黏合剂在蒸煮过程时比较柔软，以便在其他材料的变形传到蒸镀膜时，起到一个缓冲的作用，常用的聚氨酯系列的蒸煮型黏合剂，对氧化硅蒸镀膜也可以表现出极优良的阻隔性，可在小样试验认证之后应用。

参考文献

[1] 丁浩．龚浏澄主编．塑料应用技术．第 2 版．北京：化学工业出版社，2006.

[2] 陈昌杰．塑料着色实用技术．第 2 版．北京：中国轻工业出版社，1999.

[3] 吴志生．CPP 生产状况及专用料开发进展．广州化工，2013，(5)：34-37.

[4] 吕军锋．BOPP 功能性特种薄膜产品的开发．塑料包装，2007，(5)：30-35.

[5] 涂志刚，张莉琼．BOPP 薄膜的高性能化和功能化发展方向．包装学报，2012，(4)：6-12.

[6] 冯树铭．双向拉伸聚酯薄膜生产技术．塑料包装，2011，(3)：42-44.

[7] 冯树铭．双向拉伸聚酯薄膜生产技术．塑料包装，2011，(4)：41-49.

[8] 唐家伟．高性能薄膜——双向拉伸 PEN 薄膜．现代塑料加工应用，1995，(2)：51-54.

[9] 吴耀根，郑少华，崔天齐．双向拉伸尼龙薄膜的生产与应用．塑料包装，1996，(3)：18-23.

[10] 邓如生等编著．聚酰胺树脂及其应用．北京：化学工业出版社，2002.

[11] 张丽．双向拉伸尼龙薄膜在包装领域应用分析．化工技术经济，2006，(1)：25-26，39.

[12] 樊书德，陈金周．聚偏二氯乙烯包装材料．北京：化学工业出版社，2001.

[13] 陈昌杰．塑料功能性包装薄膜．北京：化学工业出版社，2010.

[14] 陈昌杰主编．塑料薄膜的印刷与复合．第 3 版．北京：化学工业出版社，2013.

[15] 曹赤鹏.2011年镀铝膜市场行情走势分析与销售策略探讨.2011流延薄膜、镀铝膜行业市场与技术发展研讨会论文集.2011.

[16] 王白强.PVC镀铝膜的特性及产业化技术.福建轻纺,2008,(03):1-3.

[17] 杨虎林.镀铝薄膜——软包装材料的一支奇葩.机电信息,2005,(10):50-51.

[18] 陈旭.真空镀铝薄膜的生产技术及发展趋势.塑料包装,2003,(2):22-23.

[19] 王畅,陈雅慈,郭俊旺.塑料包装,2002,(12):26-29.

[20] 谷吉海.高阻隔透明陶瓷膜蒸镀技术.包装工程,2007,(11):27-30.

[21] [日]松田修成.透明蒸着バリァフィルム[ェコシアール]各种グレードの的特征と利用事例.包装技术,平成19年,11月号:54-58.

[22] 薛志勇.多功能的新型软包装材料——SiO_x蒸镀薄膜.中国包装,2002,(05):101.

[23] 黄琪尤主编.塑料包装薄膜——生产·性能·应用.北京:机械工业出版社,2003.

第二章

塑料软包装材料常用复合工艺

　　塑料软包装材料已工业化的常用复合工艺（即生产塑料软包装材料的常见方法），有共挤出复合、挤出复合、表面涂覆（包括溶剂型溶液涂布、水溶液与乳液涂布、真空蒸镀等）、无溶剂复合、干法复合、湿法复合等。其中除表面涂覆主要用于生产复合软包装材料的中间产品（复合基材）之外，其他工艺既可用于生产复合软包装材料的中间产品（复合基材），也可用于生产供终端用户使用的产品。

　　在众多塑料软包装材料的复合工艺中，共挤出复合、挤出复合、无溶剂复合及表面涂覆（溶液型涂布除外）的生产过程，没有有毒有害物质产生，是我们所倡导的清洁化生产工艺；以溶剂型胶黏剂的干法复合工艺，在生产过程中，有大量的有机溶剂挥发排放，对生产现场及周边环境有较大的负面影响，应采取必要的环境的防护、治理措施。

第一节　共挤出复合工艺

一、何谓共挤出复合

　　共挤出复合指通过两台及两台以上的挤出机，分别将两种及两种以上的不同性能的塑料颗粒（或粉体）熔融塑化，并通过一个共挤出模头，制取多层复合薄膜的工艺，也称为共挤出多层复合成膜工艺。

　　共挤出多层复合成膜工艺，是在单层挤出薄膜生产工艺的基础上发展而成的一种制造多层塑料薄膜的工艺。它是挤出成膜工艺的一个重要的分支，其本质上仍然是一种挤出复合工艺，因此具有挤出成膜工艺的基本特征，即直接由塑料粒子（或粉状物料）经挤出成型，一次生产出复合薄膜，具有工艺路线短和节约人力、物力及能耗低的优点。在正常生产条件下，采用该工艺生产时，塑料全部转变为塑料薄膜，没有任何有毒有害的物质产生，不对生产车间及周边环境产生污染，是典型的"绿色包装工艺"，于人类的可持续发展十分有利，因此它被人们认为是塑料软包装行业转型发展的首选工艺之一。同时共挤出多层复合成膜工艺通过各种不同的原料（或不同配方）的搭配，组成各自不同的多层结构，实现塑料薄膜的高功能化从而显著地提高薄膜的使用效果或者明显地降低薄膜的生产成本，运用得当，甚至可以达到同时提高产品性能和降低产品成本的双重效果。多层共挤出复合成膜工艺，在生产实践中发挥了越来越大的作用，因此多层共挤出复合成膜工艺也越来越得到软包装界同仁的青睐，成为目前发展多层复合薄膜的首选工艺。当前双向拉伸聚丙烯薄膜的生产中，基本上已经完全完成了由单层双向拉伸向多层共挤出双向拉伸的转变，在聚丙烯流延薄膜的生产中，共挤出成膜工艺也已成为主流工艺；含EVOH层的高阻隔塑料复合薄膜，也毫无例外地采用多层共挤出复合成膜工艺，在量大面广的聚乙烯吹塑薄膜的生产中，也越来越重视多层共挤出复合薄膜生产工艺的应用。

目前多层共挤出复合成膜工艺的产品，已从初始的两层复合薄膜，经三层、五层发展到七层乃至九层结构，虽然随着层数的增加，设备的价格相应提高，但产品性能的提高和成本优势的支撑，使多层共挤出复合成膜工艺，正在不断向多层化的方向发展。成百上千层的超高多层薄膜的生产技术，已开始实用化研究。

多层共挤出复合成膜工艺的产品，除了大量直接应用于包装材料之外，也可用于无溶剂复合、干法复合等贴合型复合工艺的基材，采用多层共挤出薄膜为基材时，可大大减少贴合型复合的工序，简化复合进程，降低产品的生产成本，提高市场竞争力，获取更好的社会效益与经济效益。

二、共挤出复合薄膜生产设备

共挤出薄膜复合设备，除向由多台挤出机替代单台挤出机塑化、并向模头供应多种不同的塑料熔体以及采用特殊结构的共挤出模头替代简易的单层模头之外，共挤出薄膜生产线的组成和配置，包括薄膜的卷取及表面处理（电晕处理、等离子处理或火焰处理等）装置，基本上与单层薄膜生产线相近。共挤出薄膜复合设备基本上与单层薄膜生产线相近，主要差别是模头结构和塑化用挤出机数量不同，多台挤出机以保证不同塑料层原料的塑化、输送和复合成型。共挤出复合薄膜生产设备，有管膜类共挤出复合薄膜生产线（即吹塑共挤出复合薄膜生产线）和平膜类共挤出复合薄膜生产线（亦称流延共挤出复合薄膜生产线）两个大类。

1. 管膜类共挤出复合薄膜生产设备

管膜类共挤出复合薄膜生产设备，由多台塑化用挤出机、共挤出管模、吹塑收卷等基本部件组成，为满足后继印刷、复合工艺的需要，通常在吹塑收卷装置中，还有一个电晕处理装置。

管膜类共挤出复合薄膜生产设备，主要有上吹空冷式及下吹水冷式两种。上吹空冷式共挤出复合薄膜生产设备，主要用于聚乙烯类多层共挤出薄膜以及以聚乙烯为主体的多层共挤出薄膜的生产，如 LLDPE/mPE＋LDPE，LDPE∥PA∥LDPE 等；下吹水冷式管膜类共挤出复合薄膜生产设备，主要用于聚丙烯类多层共挤出薄膜，如 PP∥PA∥PP 薄膜的生产。

多层薄膜共挤出用管模，是管膜类共挤出复合薄膜生产设备的核心部件。按其结构分，主要有套管式和叠加式两大类。

（1）套管式多层薄膜共挤出用管模　套管式多层薄膜共挤出用管模示意图见图 2-1。

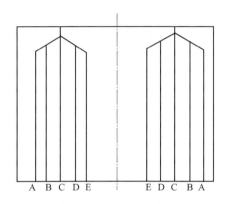

A B C D E　　　E D C B A

图 2-1　套管式圆管形多层共挤出复合模头示意图

套管式圆管形多层共挤出复合模头开发应用较早，曾被认为是传统的、经典式共挤出吹塑模头，目前应用亦相当普遍，其主要优点是结构紧凑、加工制造方便。

套管式圆管形多层共挤出复合模头，主要的缺点是随着层数增加，模头直径增大，当模头的层数多时，模头会变得直径很大而十分笨重；模头的层数不能根据生产的需要进行变换，例如，不能根据生产的需要，将三层模头变成五层模头；只能从模头的外面，对模头整体（各层）进行加热，不能根据各层树脂的熔点、黏度等特性，对各层进行针对性的温控。除上述缺陷之外，套管式圆管形多层共挤出复合模头，清理也比较困难。因此，多层共挤出吹塑模头，特别是层数比较多的多层圆管形多层共挤出复合模头，有叠加式发展的趋势。

（2）叠加式圆管形多层共挤出复合模头　叠加式圆管形多层共挤出复合模头示意图见图 2-2。

叠加式圆管形多层共挤出复合模头，能克服套管式圆管形多层共挤出复合模头的众多缺点，因此近年来有较大的发展，特别是层数多的（五层以上的）复合薄膜多采用此种模头。叠加式圆管形多层共挤出复合模头与传统的套管式圆管形多层共挤出复合模头的比较，见表 2-1[1]。

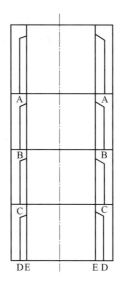

图 2-2　叠加式圆管形多层共挤出复合模头示意图

表 2-1　叠加式圆管形多层共挤出复合模头与套管式圆管形多层共挤出复合模头的比较

项目	套管式模头	叠加式模头	叠加式模头的优势
直径大小	大	小,为套管式的 1/3～1/5	模头小、质量小
树脂熔体与模头接触面积	大	小,为为套管式的 1/15～1/20	压力低,物料滞留少
模头温度控制	不能分段控制	可分段控制,模块间的温差最大可达 50℃	树脂间的复合适应性强
高多层化	较难,一般在五层内	可达到八层以上	可高多层化

叠加式圆管形多层共挤出复合模头,根据叠加模块的不同,有圆筒状和圆锥状两种,前者的叠加模块为圆筒形,后者的叠加模块为圆锥形。

① 圆筒状叠加式圆管形多层共挤出复合模头。图 2-3 是典型的圆筒状叠加式圆管形多层共挤出复合模头的结构示意图[1]。

由图可以看出,每一塑料层与由两圆筒状模板组成的模块相对应。组成模块的两模板中,一块模板的表面上,设有平面形螺纹流道,该平面螺纹流道,将从模块侧面供入的塑料熔融体,供入合流部位,平面螺纹流道的应用,可以最大限度地降低轴向尺寸,从而减小整个叠加式圆管形多层共挤出复合模头的轴向尺寸(模头的高度)。另外,相邻两模块的结合面间,可设置间隙并于每一模块的外侧,设置加热器,使各模块独立加热,据称这样的结构,可以使相邻两塑料层的温度差,在高达 50℃ 的条件下,进行生产。

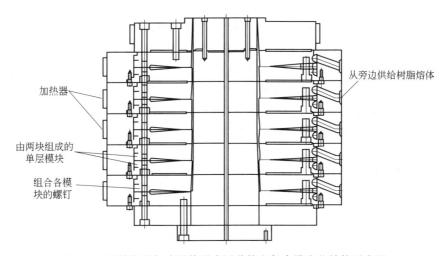

图 2-3 圆筒状叠加式圆管形多层共挤出复合模头的结构示意图

② 圆锥状叠加式圆管形多层共挤出复合模头。圆锥状叠加式圆管形多层共挤出复合模头例见图 2-4。

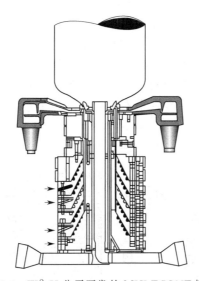

图 2-4 W&H 公司开发的 MULTCONE 模头

圆锥状叠加式圆管形多层共挤出复合模头,与圆筒状叠加式圆管形多层共挤出复合模头相似之处,它们均为叠加式结构;不同之处则在于,圆锥状叠加式圆管形多层共挤出复合模头的模块不是圆筒状而是圆锥状,而且模块中的塑料熔体的流道也是圆锥螺纹。

圆锥状叠加式圆管形多层共挤出复合模头有很多优点,可以列举如下:

a. 密封性好。圆锥状金属零件的抗变形能力大大高于板状零件，因而圆锥状叠加式圆管形多层共挤出复合模头能有效地抵制熔体高压所引起的变形，因此圆锥状表面的接触、密封效果明显地要优于平面的接触、密封效果。

b. 复合产品厚度均匀性好。一方面，如前所述圆锥形零件不易变形，能很好地保持高的加工精度，另一方面，圆锥形零件组合时，具有自动对中的特性，因此圆锥状叠加式圆管形多层共挤出复合模头，可以很好地保持流道尺寸的均匀性，从而有利于保证复合薄膜的厚度均匀性。

c. 模头外形尺寸较小。在等长螺纹流道的情况下，圆锥状模块的直径，较圆柱状模块的直径要小得多；生产同样规格的产品，采用圆锥状叠加式圆管形多层共挤出复合模头的直径，可望较圆柱状叠加式圆管形多层共挤出复合模头，减少50％左右。

d. 维修方便。圆锥状叠加式圆管形多层共挤出复合模头，无论拆卸、装配还是清理工作，都要比圆柱状叠加式圆管形多层共挤出复合模头方便得多。

圆锥状叠加式圆管形多层共挤出复合模头的一个明显的缺点是，它的轴向尺寸要比圆柱状叠加式圆管形多层共挤出复合模头的轴向尺寸要大。

2. 平膜类共挤出薄膜用复合设备

平膜类共挤出薄膜用复合设备，亦称共挤出流延薄膜设备，除以多台挤出机代替一台挤出机塑化供料、以共挤出模头替代单层模头之外，整个生产线的配置，与单层平模的生产线基本一致。流延共挤出模头，从结构上讲，主要有多流道型多层共挤出流延模头与喂料块型多层共挤出流延模头两种。

(1) 流道式多层共挤出复合平膜模头 多流道式多层共挤出复合平膜模头见图 2-5。

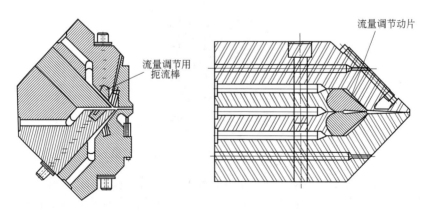

图 2-5 多流道式多层共挤出复合平膜模头

该模头中，各熔融树脂层分别在各自的流道（歧管）内流动、展开之后，在紧临近模唇处，汇合成多层层流。

多层层流流动的距离相当地短，不会产生由于多层层流中可能出现的低黏度树脂对高黏度树脂层的包围现象，以及界面不稳定流动所导致的复合薄膜厚度不均匀、透明性下降和纹理等缺陷。多流道式多层共挤出复合平膜模头的优点还有：各层的层厚，可以通过各层的调节螺栓分别进行调节，因而薄膜的厚度比较容易控制；可以用于塑料熔体黏度和温度差较大的塑料间的复合等。

多流道式多层共挤出复合平膜模头的缺点是，体积庞大、结构复杂、价格昂贵、难于用于制造四层以上的多层共挤出复合薄膜。

（2）喂料块式多层共挤出复合平膜模头　喂料块式多层共挤出复合平膜模头，由喂料块（或称连接器）和成型模头两部分组成。各挤出机所供的塑料熔融体，先在被称为喂料块的连接器中汇合，形成多层层流。该多层层流，再进入成型模头中，经成型模头的模口（直线状的狭缝）挤出到成型辅机的流延辊上，经冷却、定型而得到多层复合薄膜，其成型模头部分基本上与普通单层薄膜的模头相同，属单流道型，结构比较简单。保持成型模头部分不变，更换连接器，配之以相应的挤出机，即可得到不同组合的多层共挤出复合薄膜。

连接器型多层共挤出平膜模头见图 2-6。

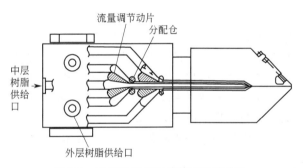

图 2-6　连接器型多层共挤出平膜模头

两种多层共挤出复合平膜模头的比较见表 2-2。

表 2-2　两种多层共挤出复合平膜模头的比较

模头类型	成型条件			厚度控制	层间胶黏	适用范围	维修保养	设备成本
	黏度差适应性	温度差适应性	薄层制品适应性					
连接器型	×	×	○	×	○	○	○	○
多流道型	△	△	△	○	○	×	×	×

注：○良，△可，×差。

连接器型共挤出复合平膜模头，适用范围广，特别适于多层及超多层薄膜的生产，加之维修保养方便以及制造成本较低等方面的明显优势，其使用有日益扩大的趋势。

三、共挤出复合常用原料

原则上所有热塑性塑料，比如聚乙烯与乙烯共聚物（EVA、EEA、离子型聚合物），聚丙烯与丙烯共聚物，聚氯乙烯与氯乙烯共聚物（PVDC），热塑性聚酯（PET、PEN、PETG），热塑性橡胶（热塑性弹性体），等等，均可用于共挤出复合，生产多层塑料复合薄膜。生产实践中，共挤出复合薄膜应用较多的主要是聚烯烃（聚乙烯和聚丙烯）、EVOH、PA、黏合性树脂等。

1. 聚烯烃树脂

聚烯烃树脂及其复配物，本身可以通过特定搭配而生产复合薄膜，同时也常常作为热封层和防潮层与 EVOH、PA 等阻隔性塑料搭配，生产阻隔性复合薄膜。

2. 乙烯-乙烯醇（EVOH）、尼龙为代表的阻隔性树脂

乙烯-乙烯醇（EVOH）、尼龙作为氧气、油脂等物质的阻隔性材料，与聚烯烃类塑料搭配，可生产出包装领域所需的阻隔性良好且具有热封性的阻隔性复合薄膜。

3. 黏合性树脂

聚烯烃类树脂和 EVOH、PA 等阻隔性塑料之间相容性较差，当它们相互搭配，生产共挤出复合薄膜时，层间的黏合强度较差，甚至没有黏合强度可言。黏合性树脂层的引入，可以使共挤出复合薄膜层间黏合强度大幅度提高，满足使用上的要求。目前所使用的黏合性树脂，主要是乙烯或者丙烯与极性单体的共聚体，如聚乙烯、聚丙烯与马来酸酐或者丙烯酸的接枝共聚体，乙烯与丙烯酸类单体的共聚体以及乙烯、丙烯酸与马来酸酐的三元共聚体等。

四、应用例

1. 高阻隔纳米抗菌包装膜的研制与应用

通过挤出复合，可以生产出性能优良的各种功能性复合薄膜，在生产应用中表现出明显的优势，例如利用高阻隔性树脂 EVOH 和纳米抗菌剂，通过共挤出复合工艺，制备高阻隔抗菌复合薄膜，用于槟榔的包装，较之常规的高阻隔复合薄膜，保质期可延长 1 倍以上[2]。

(1) 主要原料 纳米抗菌聚乙烯。先用分散剂等助剂处理纳米抗菌剂，再与聚乙烯混合，用双螺杆挤出机造粒得到抗菌母料，抗菌母料与聚乙烯树脂共混，得到用于共挤复合纳米抗菌聚乙烯粒料。乙烯-乙烯醇共聚物（EVOH），可乐利公司。黏合层树脂（AD），美国杜邦公司 Bynel 系列。低密度聚乙烯（LDPE），LD155，上海金山石化股份有限公司。

(2) 主要设备 奥地利兰精公司共挤平膜流延机组。

型号：92F057

挤出机：A 机，$\phi 55$，长径比 30/1

　　　　　B 机，$\phi 40$，长径比 30/1

　　　　　C 机，$\phi 55$，长径比 30/1

　　　　　D 机，$\phi 55$，长径比 30/1

模头宽度（mm）：1350

模口间隙（mm）：0.7～1.2

牵引速度（m/min）：15～40

流延辊表面温度（℃）：15～30

气刀压力（Pa）：300～600

表面张力（mN/cm）：380～420

产量（kg/h）：120～200

（3）工艺条件

加工温度（℃）：A 机料筒 210～250、B 机料筒 200～240、C 机料筒 230～260、D 机料筒 200～240、法兰 240～260、机头 230～255。

螺杆转速（r/min）：A 机为 80～150，B 机为 60～140，C 机为 25～50，D 机为 70～130。

（4）典型产品

结构：PE(40μm 厚)/AD(10μm 厚)/EVOH(20μm 厚)/AD(10μm 厚)/抗菌 PE(40μm 厚)

性能：抗菌高阻隔包装膜同时具有高阻隔与高抗菌特性，其主要性能指标如表 2-3 所示。

表 2-3 抗菌高阻隔包装膜的主要性能指标

项目	高阻隔纳米抗菌膜
拉伸强度/MPa	41.6
断裂伸长率/%	455
撕裂强度/(kN/m)	128
热合强度/(N/15mm)	31.5
氧气透过量/[cm³/(m² · 24h · atm)]	1.7
水蒸气透过量/[g/(m² · 24h)]	5.33
抗菌率/%	99.4

（5）应用 为了较长时间保证槟榔产品的品质，采用抗菌高阻隔包装薄膜与目前广泛使用的铝塑复合包装进行了对比实验：将两种包装材料制作成包装袋，规格为常用的 150mm×110mm，每袋 64g，然后置于常温下储存，观察外观、香味变化情况。

结果见表 2-4、表 2-5。

表 2-4　纳米抗菌高阻隔槟榔包装与传统铝塑复合包装槟榔的外观随时间的变化

时间　　包装材料	传统的铝塑复合包装	纳米抗菌高阻隔包装
1 个月	黑色发亮	黑色发亮
2 个月	黑色发亮	黑色发亮
3 个月	黑色发亮	黑色发亮
4 个月	有白色小霉点	黑色发亮
5 个月	白色小霉点增多	黑色发亮
6 个月	大量白色霉点	黑色发亮

表 2-5　包装槟榔香味随时间的变化

时间　　包装材料	传统的铝塑复合包装	纳米抗菌高阻隔包装
1 个月	浓郁	浓郁
2 个月	浓郁	浓郁
3 个月	较浓郁	浓郁
4 个月	较淡	浓郁
5 个月	很淡	浓郁
6 个月	基本无香味	较浓郁

从表 2-4、表 2-5 可以看出，传统铝塑复合包装槟榔的保质期在 3 个月左右，升级为纳米抗菌高阻隔包装后其保质期至少在 6 个月以上，而且解决了槟榔由于存储时间过长发生霉变的问题。

共挤出纳米抗菌高阻隔薄膜，由原料塑料粒子一次成型为薄膜，成本较为低廉，因此纳米抗菌高阻隔袋与传统铝塑复合袋相比，经济上有较大优势，装 64g 槟榔的袋子，纳米抗菌高阻隔包装袋的生产成本仅约 0.11 元，而铝塑复合袋的成本约 0.15 元。

2. 低温热封流延聚丙烯薄膜的研制

潘建等曾通过多层共挤出流延工艺，利用共混料的优势，对 CPP 流延薄膜的热封合性能进行研究，并取得了较好的实用效果，介绍如下[3]。

众所周知，当采用高速生产线进行自动包装时，对于塑料软包装热封合材料而言，走膜流畅和低温热封性是高速自动包装的两个重要性能指标。所谓低温热封性，指可在封合温度低、封合时间短的条件下可得到合格的封口强度。"低温热封性"要求包装材料的热封层，要有低的始封温度和低的热封温度。始封温度指封合压力 1.8kg/cm、封合时间 1s，封合强度达到 0.5N/15mm 所需的温度；热封温度指封合压力 1.8kg/cm，封合时间 1s，封合强度达到要求的封口强度所需的温度。

封口强度与薄膜材料、厚度有关。在塑料软包装热封合材料中，热封层主要是用 PE 薄膜和 CPP 薄膜两类材料，通常 PE 薄膜的始封、热封温度较 CPP 薄膜低，但考虑到其他性能的优势（如力学性能、透明度、阻水性），选用 CPP 薄膜作热封层仍是重要的选项之一。

降低 CPP 薄膜始封、热封温度，可以通过在热封层混入或选用 PE 树脂原料，但由于 PE、PP 的相容性不好，生产的薄膜虽然有较低的始封、热封温度，但会出现分层现象使热封强度难以提高，且在热封层混入或选用 PE 树脂原料薄膜容易卷曲。因此探讨降低 CPP 薄膜的始封、热封温度新的技术途径，对优化 CPP 薄膜的性能与降低 CPP 薄膜使用者的包装能耗成本均有重要意义。

选用在三层共挤 CPP 薄膜热封层原料树脂中，共混一定量的弹性体和用茂金属共聚 PP 作热封层，可以降低薄膜的始封、热封温度。这里介绍加入不同弹性体和茂金属共聚 PP 的加工性和产品的热封性能的变化情况。

（1）原料 原料一览见表 2-6。

表 2-6　实验原料一览

原料名称	DSC 熔点/℃	熔融指数/(g/10min)	来源
PP1(均聚)	160	8.0	中国
PP2(均聚)	160	8.0	中国
PP3(共聚)	139	7.0	新加坡
C_3C_4 弹性体	75	7.0	日本
C_2C_8 弹性体	63	5.0	美国
茂金属共聚 PP	125	7.0	日本

（2）样制备 采用三层共挤流延法，制备 $25\mu m$ 厚的 CPP 薄膜样品，其热封层厚度为 $5\mu m$，制备工艺流程如图 2-7 所示。

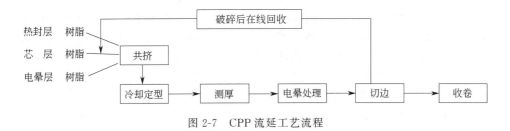

图 2-7　CPP 流延工艺流程

试验共研究了四个样品：

参考样以三元共聚 PP3 为热封层；

样品 1 以三元共聚 PP3 中混入 20％丙烯丁烯共聚弹性体为热封层；

样品 2 以三元共聚 PP3 中混入 20% 乙烯辛烯共聚弹性体为热封层；

样品 3 使用茂金属共聚 PP 为热封层。

各样品除热封层原料配方变化外，其他工艺条件都稳定不变，见表 2-7。表中 AB 为开口剂，SL 为滑爽剂。

表 2-7　CPP 薄膜各样品的原料组成

样品名称	电晕层	芯层	热封层
参考样	PP1	PP2	PP3+1%AB+1%SL
样品 1	PP1	PP2	PP3+20%C_3C_4 弹性体+1%AB+1%SL
样品 2	PP1	PP2	PP3+20%C_2C_8 弹性体+1%AB+1%SL
样品 3	PP1	PP2	茂金属共聚 PP+1%AB+1%SL

(3) 性能评价方法　热封强度的测试按 QB/T 2358—1998《塑料薄膜包装袋热合强度试验方法》，在美国 S ENCORP SYSTEMSI N C 制造的 12AS/1 型热封试验仪进行；封合压力 18kgf/cm，封合时间 1s，使用广州试验仪器厂制造的 XLW-100 型微控电子拉力试验机进行封合强度的测试。

(4) 结果与讨论

① 不同配方的加工性能为进行加工性的对比分析，各样品的生产按：参考样-样品 1；参考样-样品 2；参考样-样品 3 的顺序生产。

在生产样品 1 时发现，当热封层加入 20% 丙丁共聚弹性体后，熔体压力有 4% 的下降，后又回升到原压力值；薄膜纵向出现间断紊流，紊流宽度约占横向膜宽的 2%，1~2min 后紊流消失。丙丁共聚弹性体加入后除了换料的波动外，其他无明显变化，该配方加工性好，原因可能是丙丁共聚弹性体与 PP 有很好的相容性，且选用的熔融指数与相混的 PP3 相同。

在生产样品 2 时，当热封层加入 20% 乙辛共聚弹性体后，薄膜雾度明显增大，纵向出现连续紊流，紊流宽度约占横向膜宽的 9%，在样品试制的整个过程中（约 40min）紊流都没有减少，热封层挤出量下降 13.4%；切边料破碎后回收困难，回收挤出机电机负载从 33% 升到 55%，收卷粘连，该配方加工性不好，原因可能是乙辛共聚弹性体虽然其与 PP 的相容性与 PE 比较有很明显的改善，但仍不能达到很好的相容，使薄膜雾度增大；选用的熔融指数较共混的 PP3 小，使得热封层挤出量下降；乙辛共聚弹性体自黏性大，切边料中有一定含量后，使得回收加入困难；薄膜柔软，收卷粘连。

在生产样品 3 时，热封层料更换茂金属共聚 PP 后，熔体压力上升了 3.5%，其他无明显变化，原因可能是茂金属共聚 PP 分子量分布窄，熔体黏度大。

综上所述，样品 1 和样品 3 与参考样加工性相当，样品 2 加工性较差。

② 热封性能。各样品测试的始封、热封温度及相应的封合强度见表 2-8、表 2-9。

表 2-8　各样品始封温度及相应封合强度

样品名称	始封温度/℃	封合强度/（N/15mm）
参考样	112	0.50
样品 1	108	0.54
样品 2	100	0.58
样品 3	105	0.62

表 2-9　各样品热封温度及相应封合强度

样品名称	热封温度/℃	相应的封合强度/（N/15mm）
参考样	124	9.2
样品 1	118	9.9
样品 2	118	8.1
样品 3	112	9.6

注：25μm 厚 CPP 薄膜热封口强度要求≥8N/15mm。

从表 2-8 可见，样品 2 的始封温度最低，较参考样降低 12℃；样品 1、样品 3 始封温度也较参考样分别降低了 4℃和 7℃。从表 2-9 可知，样品 3 的热封温度最低，较参考样降低 12℃；样品 1、样品 2 热封温度也较参考样降低了 6℃。由于各样品除热封层树脂配方有变化外，其他工艺稳定不变，样品 1、样品 2 都在热封层加入了低熔点的弹性体，样品 3 使用的茂金属共聚 PP 熔点较三元共聚 PP3 低，因此低熔点的弹性体加入，可以降低成膜产品的始封温度与热封温度：同样的加入量，熔点愈低的弹性体使成膜产品的始封温度降得愈低，但热封温度不因弹性体熔点低而随之降低，这与弹性体的力学强度有关；相对熔点较低的茂金属共聚 PP 树脂成膜后，产品的始封、热封温度也相对较低。

（5）应用　热封层加 20% 低熔点的弹性体，可以明显降低 CPP 薄膜的始封温度与热封温度。相对熔点较低的茂金属共聚 PP 作热封层原料，较一般三元共聚 PP 生产的 CPP 薄膜的始封温度、热封温度低，且二者加工性相当。在低熔点弹性体的选择上，还需考虑与 PP 的相容性，如果相容性不好，产品始封温度、热封温度虽然会有降低，但同时也会降低产品的一些其他性能，特别是产品的外观。

低温热封流延聚丙烯薄膜可以与 PET、BOPP、VMPET 等薄膜进行多层复合使用，也可直接印刷、作为热封包装使用。该低温热封流延聚丙烯薄膜可应用于休闲食品、药品等商品的包装。由于该热薄膜的低温热封性，包装时可节约热封的电能、延长热封模具及与加热相关部件的使用寿命，还可大大提高包装速度，从而提高生产效率。在使用旋转切刀的高速包装线上，对包装材料要求低温热封的同时，还要求包装薄膜有一定的刚性，低温热封流延聚丙烯薄膜比柔软的

PE 有更好的包装适用性，因此更具竞争力。

3. 五层共挤出输液袋用薄膜

输液或血液等类医疗用品至今仍大量使用软聚氯乙烯薄膜。软聚氯乙烯薄膜由聚氯乙烯树脂中添加各种助剂制得，聚氯乙烯树脂中单体的含量及各种添加剂卫生性能的控制，一直是备受关注和人们非议的问题，使用性能更佳、卫生安全性更为可靠的多层共挤出输液袋用薄膜用复合薄膜。近年来颇引人注目。国外发达国家，共挤出输液袋用薄膜已成为一个工业化产品，在实际应用中大量使用，取得了良好的实效；国内共挤出输液袋用薄膜的工作起步较晚，目前应用也还比较少。陈亦锋在中国专利中，披露了一种五层共挤出输液袋用薄膜的制造方法[4]。

根据专利披露的情况，这里向读者作一个概略的介绍。

该发明的多层共挤输液膜，为五层结构。其特征在于：

第一层为封内层 A，其成分是聚丙烯与 SEBS 热塑性弹性共聚物组成的混合树脂，SEBS 为苯乙烯-乙烯-丁烯橡胶-苯乙烯嵌段共聚物，且 SEBS 热塑性弹性共聚物在混合树脂中的加入量为 $40\%\sim60\%$（质量分数）；热封内层 A 中所用聚丙烯与 SEBS 热塑性弹性共聚物组成的混合树脂的熔融指数为 $2.0\sim15g/10min$，密度为 $0.89\sim0.9g/cm^3$；该层厚度为 $20\sim45\mu m$，占多层共挤输液膜总厚度的 $15\%\sim25\%$。SEBS 弹性体为苯乙烯-乙烯-丁烯橡胶-苯乙烯嵌段共聚物，由于丁烯橡胶的弹韧性特别好，所以不但成品柔软性和强韧度极佳，低温热封性能也很好。SEBS 用在内层还具有自粘作用，在膜泡内用 100 级无菌超净空气吹制，经夹棍压扁后，能使两层膜始终在自粘闭合的状态下分切包装，杜绝外界低净化级别的空气污染，从而保证了直接接触药液的内层具有优良的卫生和生物指标。经药物相容性试验证明，它耐化学稳定性能特别好，具有广泛的药物相容性，灌装药液后经微粒仪在 6 个月的加速试验中检测证明，渗出物和微粒数极少，完全达到和超过了欧美及国家标准。

第二层为粘接层 B，其成分是丙烯-乙烯共聚物，熔融指数为 $1.5\sim5g/10min$，密度为 $0.89\sim0.9g/cm^3$；该层厚度为 $15\sim26\mu m$，占多层共挤输液膜总厚度的 $8\%\sim15\%$。该层作用是对第一层 A 和第三层 C 原料具有良好的黏结强度，使它们不管是低温储藏，还是高温灭菌始终结合在一起。

第三层为核心层 C，其成分是丙烯-乙烯/α-烯烃共聚弹性体，熔融指数为 $1\sim5g/10min$，密度为 $0.89\sim0.92g/cm^3$；该层厚度为 $50\sim80\mu m$，占多层共挤输液膜总厚度的 $30\%\sim45\%$。该层特点是柔软度特别好，能耐冲击和弯曲，透明度和耐穿刺极佳，在低温下仍能保持良好的韧性，垂伸强度和力学性能好，是能保证通过 2.5m 跌落实验的主要材料。

第四层为粘接层 D，其成分是乙烯甲基丙烯酸酯聚合物，熔融指数为 $1.5\sim$

5g/10min，密度为 0.9～0.93g/cm³ 该层厚度为 15～25μm，占多层共挤输液膜总厚度的 8%～14%。该层质地柔软，冷热稳定性好，对第三层 C 和第五层 E 原料具有良好的粘接牢度。

第五层为耐候层 E，其成分为弹性树脂聚对苯二甲酸乙二醇酯，熔融指数为 4～10g/10min，密度为 1.1～1.3g/cm³；该层厚度为 18～36μm，占多层共挤输液膜总厚度的 10%～20%。聚酯具有良好的阻隔性能和耐冲击强度，透明度好，强韧耐磨，冷热稳定性能好，在高温热封和高温杀菌时不会变形，并以优良的物理性能，保证外层的耐摩擦性能和印刷牢度。

众所周知，聚酯的熔点温度为 225～260℃，丙烯的熔点温度为 164～172℃，乙烯的熔点温度是 125～128℃，用聚酯作为外层，能利用它的耐高温性能，解决了很多专利中所谓的对称结构（即内外层都用丙烯或乙烯）在实际应用的热封制袋时会碰到的困难，如外层树脂熔融温度与内层差不多的话，热合时温度低了根本烫不牢，如把温度调高到内层树脂能熔融粘牢的时候，外层树脂先接触烫模，因经不起长时间的高温而变形，甚至破裂，尽管温度、时间、压力微调得很仔细，由于输液膜的厚度大，总是感觉外面的膜快熔破了，而传递到内层的热合温度还不够，这样热合成袋的平整度肯定不好，漏包等次品比例也很高。

陈亦锋等在大量的生产实践中分析研究，结论是内层 A 树脂在能经得起高温 121℃、30min 灭菌的同时，应选用熔点温度应尽量低的树脂，加入 SEBS，满足了这方面的要求，同时外层必须选用能耐高温的聚酯，才能保证制袋质量和输液袋上烫印文字的效果，随着外层温度适应范围的宽广，就有把握提高制袋速度，在保证内层热封效果的同时，也提高了生产效率。

聚酯不但透明度和透光率好，还有着良好的阻隔性能和拉伸强度，聚酯的氧气透过量比聚丙烯少 25 倍以上，比聚乙烯要少 50 倍以上，这就是用了聚酯后，拉伸强度和透氧、透湿等物理性能大幅提高，输液膜的厚度降低了，还有把握达到国家标准的理由之一。

所述多层共挤输液膜的总厚度为 150～190μm。

与现有技术相比，该法的优点在于：

① 内层具有自粘性能，在收卷、分切包装出厂时始终密闭，卫生性能好，微粒数极低，渗出物极少。

② 透明度和柔软性极佳，可完全压扁，避免瓶装输液空气交换带来的药物污染。

③ 耐 121℃高温灭菌 30min，不漏液，物理性能不下降，在低温环境下仍能保持良好的韧性，解决了玻璃瓶不能冷藏的难题，尤其是经高能电子辐照处理后的多层膜，其在此方面的表现尤佳。

④ 和氧气透过率低，阻隔性能好，可以做成双室袋或多室袋，在同一袋内

灌装不同药液，用力一拍即可混合，减少配药时间，方便医院使用。

⑤ 广泛的药物相容性，不会与药液起不良反应。

⑥ 热合强度高，渗漏率低，适应各种自动灌装机高速连续生产。

⑦ 耐穿刺和冲击性能好，抗 2.5m 跌落实验。

⑧ 环保材料，生产、使用及回收中不产生毒素。

五、共挤出复合的局限

前面讲了许多共挤出复合工艺的许多优点，并指出共挤出复合工艺是生产多层复合薄膜的首选工艺，但和所有事物一样，共挤出复合工艺并非完美无缺，可以由它"包打天下"，由它解决复合软包装材料生产的所有问题，共挤出复合工艺也有其重大的缺陷，只有用其所长，和其他复合工艺特别是和无溶剂复合、干法复合等贴合型复合工艺相配合，取长补短互为依托，才能充分发挥现代复合工艺的优势，促进塑料软包装行业的发展。

共挤出复合工艺有一个重大的无法回避的缺陷，那就是共挤出复合工艺是只能用于生产由各种热塑性塑料组成的复合薄膜，对于含有纸张、铝箔或者含有金属、无机蒸镀层等等非热塑性塑料层的复合薄膜，则绝对不可能采用共挤出工艺生产的；另外当复合薄膜需要里印时，也不可能仅仅依靠共挤出复合工艺制得，因为共挤出工艺从塑料原料的粒子（或粉体），直接制得多层复合薄膜，层间印刷自然是不可能的事。生产含有纸张、铝箔或者含有金属、无机蒸镀层等等非热塑性塑料层的复合薄膜以及需要里印的复合薄膜，要生产这些材料，都是共挤出复合工艺本身固有的、不可逾越的红线，而生产这类材料，正是无溶剂复合、干法复合等复合方法英雄用武之地，因此当我们开发新品，选用复合工艺的时候，在首选共挤出工艺的原则下，还应当高度重视无溶剂复合等复合工艺，通过共挤出工艺、无溶剂复合工艺或者它们的合理匹配，以获取最佳的社会效益与经济效益。

第二节　挤　出　复　合

一、何谓挤出复合

挤出复合指通过挤出热塑性塑料熔体的方法，在塑料薄膜或其他膜状基材如纸张、铝箔的表面上，涂覆一层塑料涂层，或者通过挤出热塑性塑料熔体，以之作为胶黏剂，将两塑料薄膜或其他膜状基材如纸张、铝箔黏合，制取复合薄膜的方法。

1. 经典的挤出复合设备

经典的挤出复合设备，亦称即单联挤出复合机组，由放卷装置、挤出机及复合模头（单层 T 模）、复合装置、收卷装置等几个部分组成[1]。

挤出复合示意图如图 2-8 所示。

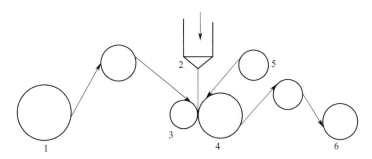

图 2-8 挤出复合示意图

1—基材一；2—复合模头；3—硅橡胶辊；4—冷却辊；5—基材二；6—收卷

（挤出涂布时，不引入基材二）

2. 串联式挤出复合设备

串联式挤出复合设备，由具有 2 个挤出复合工位或 2 个以上的挤出复合工位串联而成，双工位出复合设备，是串联式挤出复合机中最简单的机组，其示意图如图 2-9 所示。

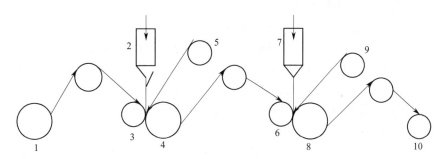

图 2-9 双工位式串联挤出复合机示意图

1,5,9—基材；2,7—复合模头；3,6—硅橡胶辊；4,8—冷却辊；10—收卷

串联式挤出复合设备一次可较单联式挤出复合机生产出更多层数的复合材料，具有 n 个复合单元的串联式挤出复合机，一次可以制得 $2n+1$ 层的复合薄膜。例如采用双联式串联挤出复合设备，一次可复合出五层的复合薄膜，采用三联式串联挤出机组，一次可生产出 7 层复合材料。因此生产多层及超高多层的复合薄膜时，采用串联式挤出复合设备，较采用经典的单联挤出复合设备，可以明显地降低生产成本。

采用双联式串联挤出复合机，一次复合所生产出来的 5 层复合材料，其结构示意如下：

基材 1
挤出树脂层 1
基材 2
挤出树脂层 2
基材 3

3. 多层共挤出模头的挤出复合设备

多层共挤出模头的挤出复合设备的复合模头，是一个由多台挤出机供料的多层复合模头，一个 n 层的多层复合模头的一个复合单元，可以制得 n＋2 层的复合材料，例如 2 层的挤出复合模头，可制得 4 层的复合材料，3 层的挤出复合模头，可制得 5 层的复合材料。通过复合共挤出的设计，可以在制备挤出复合薄膜时，更好地满足提高产品性能或者降低生产成本的需要。

4. 混合式配置的挤出复合设备

这里所讲的混合式配置的挤出复合设备，指同时具有串联式配置的复合单元及多层共挤出模头的挤出复合设备，这种设备在使用时有更大的机动性和更佳的使用效果，但由于设备配置复杂，成本较高，维修较为困难，除生产上的特殊需要之外，一般不予推荐。

二、挤出复合用原料

（1）膜状基材 挤出复合用基材，可以是各种塑料薄膜，如 BOPP、BOPET、BOPA 等，也可以是纸张、铝箔等非塑料的膜状材料。

（2）挤出复合用热塑性树脂 原则上所有的热塑性树脂，均可考虑应用于挤出复合，但工业生产中，挤出复合大量应用的热塑性树脂，主要是聚乙烯、聚丙烯以及 EVA 等乙烯共聚体。聚乳酸等生物降解树脂也在研发过程中，并在纸张的挤出复合方面，得到实际应用。

聚乳酸挤出涂覆纸张，以其良好的防水功能和可生物降解性，颇受关注。

三、挤出复合的优点与局限

（1）优点 挤出复合的优点之一是较之共挤出复合，它可以用于含非热塑性树脂层的多层复合薄膜，同时和干法复合、无溶剂复合等复合方法相比，挤出复合产品中的一个或几个塑料层，是直接由热塑性塑料粒子挤出复合的，因此有利于降低生产成本。

挤出复合的另一明显的优势是生产过程中，没有任何有毒有害物质产生，是典型的清洁化生产工艺，在产品能够满足使用的前提下，应当优先予以选用。

（2）局限 挤出复合的局限是其产品中的一部分构成层，需事先制成膜状基材；挤出复合的层间结合，仅依赖于热塑性树脂的物理形态的变化（熔融冷却），没有化学反应，因而层间结合强度有限。

第三节　表　面　涂　布

一、何谓表面涂布

表面涂布亦称表面涂覆，指在膜状基材上，涂布一层薄薄的树脂涂层制备复合材料的复合工艺。已工业化的表面涂布，主要有溶液涂布、乳液涂布、真空蒸镀、等离子蒸镀等。

表面涂布型复合薄膜，虽然也有为数不多的品种直接用作包装材料，绝大多数表面涂覆薄膜，主要用以制造干法复合及无溶剂复合的基材。

二、表面涂布方法

（一）乳液及溶液类表面涂布

1. 概述

乳液及溶液类表面涂布指利用高分子物质的溶液或者乳液，在基材的一个（或者两个）表面上，涂布一层薄薄的、连续而致密的特定涂层，经干燥处理，制造复合薄膜的一种加工方法。

乳液及溶液类表面涂布工艺过程如下：

基材 → 表面处理 → 涂布乳液或溶液 → 干燥处理 → 收卷 → 成品

采用乳液及溶液类表面涂布制造的复合材料，不仅可以将涂布层做得很薄，从而有效地节约原料，而且可以制造常规塑料成型加工不能或者难于制造的一些品种，因此尽管涂布加工中，要通过加热，排除溶液中的溶剂或者乳液中的水分，需要耗费大量的能量，如应用得当，涂布工艺亦可获得良好的社会效益和经济效益。

涂布工艺制造的复合薄膜，有的在涂布之后即可直接用于包装，如 BOPP 涂聚偏二氯乙烯（K-BOPP）以及在 PE 薄膜的表面，涂布丙烯酸乳液制备的表面保护膜，等等；有的涂布型复合薄膜则只能用于复合薄膜的基材，需要经过进一步复合加工，增设热封层、防潮层等功能层之后，才能供实际应用，如 CPP 涂布聚乙烯醇后，需在涂层上复合一层聚烯烃层，作为防潮、热封层，才具有良好的使用效果。

2. 典型乳液及溶液类表面涂布示例

（1）含聚偏二氯乙烯（PVDC）涂层的复合薄膜　含聚偏二氯乙烯（PVDC）涂层的复合薄膜，即 K 涂布薄膜，与常用的塑料包装材料相比，聚偏二氯乙烯具有极其优良的阻氧、防潮性，常见塑料薄膜的气体渗透系数见表 2-10、常见塑料薄膜的透湿性见表 2-11[1]。

在 BOPP、BOPET、CPP 等薄膜基材上，涂布一层薄薄的 PVDC 涂层，可以大幅度提高基材的阻氧防潮性，提高对食品、药品等商品的保护功能[1]，PVDC 涂层对 PET 薄膜阻隔性能的影响见表 2-12。

表 2-10　常见塑料薄膜的气体渗透系数

项目	LDPE	PP	HDPE	PA6	PET	PVDC
N_2	1029	—	205.8	7.35	5.88	0.88
O_2	3528	1736	588	29.4	23.52	4.1
CO_2	20580	7060	2940	117.6	76.4	22.05

注：气体渗透系数单位为 $PG \times 10^{-11} cm^3 \cdot cm/(cm^2 \cdot s \cdot atm)$；测试条件为温度 30℃，薄膜厚度 25$\mu$m。

表 2-11　常见塑料薄膜的透湿性（40℃、90％RH）

单位：g/($m^2 \cdot$ 24h)

PVDC	PP	HDPE	LDPE	PET	RPVC	SPVC	PS
2.5	10	9	16	17	30	100	129

表 2-12　PVDC 涂层对 PET 薄膜阻隔性能的影响

BOPP 薄膜厚度 /μm	PVDC 涂层 /(g/m^2)	透湿性 /[g/($m^2 \cdot$ 24h)]		气体透过性(20℃)/[cm^3/($m^2 \cdot$ 24h $\cdot$ 0.1MPa)]		
				O_2	N_2	CO_2
12	0(未涂布)	a	35	110	20	500
		b	14			
	5	a	4.5	<5	<5	50
		b	0.5			
40	0(未涂布)	a	20	50	10	150
		b	6.0			
	5	a	5.5	<5	<5	50
		b	0.4			
50	0(未涂布)	a	11.5	20	5	120
		b	3.0			
	5	a	7.5	<5	<5	40
		b	0.3			
100	0(未涂布)	a	7.0	10	<5	60
		b	1.5			
	5	a	4.8	<5	<5	40
		b	0.2			

注：透湿性测试，条件 a 为 90％RH、38℃；

条件 b 为 85％RH、20℃。

（2）含聚乙烯醇（PVA）涂层的复合薄膜　聚乙烯醇树脂价格比较低廉，在干态条件下，具有极好的阻氧性、其干态下的阻氧性，不仅远远优于聚乙烯等通用塑料，还明显地优于 PVDC、EVOH 等高阻隔性树脂，且其耐油性、卫生性能优良，是包装食品、药品等商品的一种较为理想的材料。只是，普通 PVA 涂层的防潮性较差，在潮湿的条件下会吸潮并导致阻隔性的大幅度下降，因此一般要在涂层的外侧，复合一个防潮的塑料薄膜层，以防止涂层遭受空气中水蒸气的影响。经改性的 PVA 溶液，所制得的 PVA 涂布薄膜，在潮湿的环境中，也能够表现出优良的阻隔性，为 PVA 涂布薄膜的推广应用，创造了较好的条件。表 2-13 是含 818 改性液改性的 PVA 涂层的复合薄膜和一些其他常见复合薄膜的阻隔性的比较[1]。

表 2-13　含 818 改性 PVA 溶液涂层的复合薄膜和一些常见复合薄膜的阻隔性

复合薄膜的结构	氧透过量(20℃、60％RH)/[cm³/(m²·24h·0.1MPa)]	水蒸气透过量(40℃、90％RH)/[g/(m²·24h)]
CPP60μm/改性 PVA/BOPP20μm	0.966	—
CPP60μm/改性 PVA/BOPP20μm	0.42	3.40
LDPE60μm/改性 PVA5μm	0.917	—
LDPE60μm/改性 PVA5μm	0.51	4.79
BOPP22μm/改性 PVA/PE40μm	0.59	2.5
PP/EVOH/PP	1.34	2.74
KPT15μm/PE40μm	3.5	4.2
KOPA15μm/PE50μm	4.32	5.8～6.1
KPET12μm/PE60μm	4.9	12
KBOPP20μm/PE40μm	2.2	6.6
PA16μm/PE60μm	—	5
PA15μm/SR60μm	59～82	6
PA20μm/PE60μm	48～55	5～10
PET30μm/PE70μm	316	10.9
BOPA15μm/PE40μm	30～120	16
BOPP20μm/PE40μm	1500～2000	5

注：改性 PVA 涂层未注明厚度者，为 3～5μm。

（二）真空蒸镀

真空蒸镀指在高真空及高温的条件下，使金属或氧化物蒸发、沉积于基材表面，形成一个镀铝涂覆层，是制取复合薄膜的一种复合工艺。

众所周知，有机高分子化合物为基础的塑料薄膜，在阻隔氧气、水蒸气等物质方面，较之金属、玻璃等传统的包装材料，要低得多，是一个性能上的明显短板。为克服这一缺点，人们采用了许许多多的方法，诸如研发高阻隔性特种高分子材料如乙烯-乙烯醇共聚体、芳香尼龙等。然而这类材料价格昂贵，应用受到一定局限。近一二十年来，人们开始关注在塑料薄膜的表面蒸镀一层致密的无机涂层，以制备高阻隔包装材料，得到了良好的效果。目前应用最多的是蒸镀铝层，此外蒸镀氧化硅、氧化铝涂层的产品也得到了工业化生产。

1. 真空镀铝

塑料薄膜的真空镀铝，是塑料薄膜真空蒸镀中，目前工艺、设备最为普及的蒸镀方法。

(1) 蒸镀原理与过程　纯铝在高真空和高温下，会熔融、气化，气化的铝原子遇到冷的物体，会在其表面凝结、沉积，形成致密而连续的镀层，据此，人们开发了真空镀铝工艺。真空镀铝将高纯度的铝丝（如 99.99% 纯度的铝丝），放在真空室内，施以高真空并加热，当真空室达到高真空（真空度到 0.01～2.7Pa）、铝的温度加热到 1200～1400℃时，铝丝熔化、蒸发。铝分子在真空室内作直线运动，飞行到在冷凝辊上高速运动的、待镀铝薄膜的表面上并冷凝、沉积于该薄膜的表面上，形成一层连续、均匀而光亮的金属铝层，完成薄膜的镀铝加工。

真空镀铝工艺过程：薄膜放卷→连续真空蒸镀→蒸镀膜收卷。

真空镀铝工艺示意图如图 2-10 所示。

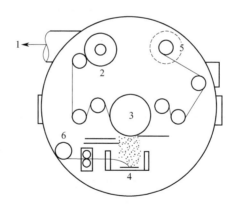

图 2-10　真空镀铝工艺示意图
1—排气管（抽真空管）；2—待镀薄膜；3—冷却辊；
4—蒸发室；5—镀铝薄膜；6—铝丝

(2) 真空镀铝对薄膜性能的影响　双向拉伸聚酯薄膜等薄膜，在蒸镀铝层后，赋予薄膜极高的光泽度、良好的避光性、良好的装饰和良好的抗紫外线性能，基膜原有的优秀的力学性能则保持不变。双向拉伸聚酯薄膜上蒸镀铝层前后，薄膜的物理机械性能如表 2-14 所示[5]。

表 2-14 双向拉伸聚酯薄膜在蒸镀铝层前后薄膜的物理机械性能

性能		单位	镀铝前典型值	镀铝后典型值	测试方法
厚度		μm	12	12	
密度		g/cm³	1.4	1.4	ASTM1505
断裂伸长率	MD	%	110～150	110～150	ASTM D882A
	TD	%	110～150	110～150	ASTM D882A
拉伸强度	MD	N/mm²	220～245	220～245	ASTM D882A
	TD	N/mm²	210～250	210～250	ASTM D882A
表面摩擦系数			0.3～0.5	0.3～0.5	ASTM D1894

当镀铝层的致密度高且厚度足够大时,镀铝薄膜的阻氧、防潮性能可大幅度提高,但未经表面处理的塑料薄膜,在镀铝层厚度加大时,镀层的剥离强度会明显下降,薄膜阻隔性改善效果明显降低,因而不能用作阻隔性材料使用。

（3）基膜的表面处理 镀铝的基膜通过适当的预处理涂层,可以明显改进镀铝层与基材之间的结合强度,提高镀铝层的剥离强,使 PET 镀铝薄膜的应用领域,从装饰、避光扩大到阻隔等诸多领域。例如镀铝用表面预处理 BOPET 基膜,镀铝层可由常规的 350Å 左右,提高到 500Å 甚至 680Å,从而使真空镀铝 PET 薄膜的阻隔性,得到大幅度的提高,成为高阻隔性材料。

基膜的表面预处理技术,对于提高镀铝膜的性能是十分重要的。预涂布改性处理的基膜,经镀铝所制得的真空镀铝膜,不仅阻隔性提高而且后加工适应性亦明显改善。例如利用未经表面处理的传统的 PET 生产的真空镀铝膜,采用挤出复合加工时,高温会导致镀铝层龟裂剥离;经预涂布改性处理的 PET 基膜所制得的真空镀铝膜,则能很好地适应挤出涂布复合加工的要求;又如,传统的 PET 真空镀铝膜,不能在 85℃水煮条件下加工处理,在这种条件下它很容易出现分离现象,因此不能适应包装果冻之类的物品的需要;经预涂布改性处理后的 PET 基膜所制得的真空镀铝膜,在潮湿、高温条件下,仍保持优异的剥离性能,可满足包装果冻之类的物品的需要。

（4）常见镀铝薄膜的阻氧防潮性 双向拉伸薄膜蒸镀铝前后,薄膜的透湿性及透氧性的变化如表 2-15 所示[5]。

表 2-15 几种双向拉伸薄膜在蒸镀铝层前后薄膜的透湿性及透氧性的变化

基材类型	厚度/μm	蒸镀铝层厚度/μm	透湿性/[g/(m²·d·atm)]		透氧性/[mL/(m²·d·atm)]	
			蒸镀前	蒸镀后	蒸镀前	蒸镀后
BOPET	12	0.035	40～50	<1.24	150～160	<2
	12	0.068		<0.2		<0.2
BOPET	25	0.068	20～23	<1	75～80	<1

续表

基材类型	厚度/μm	蒸镀铝层厚度/μm	透湿性/[g/(m²·d·atm)]		透氧性/[mL/(m²·d·atm)]	
			蒸镀前	蒸镀后	蒸镀前	蒸镀后
BOPP	25	0.068	4~8	约0.5	约2300	<1
BOPA	25	0.068	130~150	0.5~0.8	30~40	<1

由表中的数据可以看出，在塑料薄膜的表面真空蒸镀一层薄薄的铝层，即可得到高性能的阻隔性材料，利用真空镀铝，生产阻隔性包装材料，较之传统的铝箔复合产品，有明显的节材节能的效果，从而降低产品生产成本，这也是真空镀铝工艺，在塑料软包装领域得以广泛推广应用的一个重要原因。

2. 蒸镀氧化物

目前已工业化生产的蒸镀氧化物的薄膜，有蒸镀氧化硅的塑料薄膜、蒸镀氧化铝的塑料薄膜以及同时蒸镀氧化硅和氧化铝的所谓多元蒸镀塑料薄膜等[6]。

这里介绍蒸镀氧化硅的基本情况。

(1) 蒸镀氧化硅的若干的实施方法 蒸镀氧化硅型阻隔性包装薄膜的制备方法，有物理蒸镀（PVC）和化学蒸镀（PECVD）两个大类。根据具体实施方法的不同，又有各种不同的方法。

① 物理蒸镀。物理蒸镀亦称物理气相沉积法，包括电阻丝蒸镀、电子束蒸镀以及溅射等。其中电阻式蒸镀和电子束蒸镀需在高温下使 SiO_x 气化；而溅射沉积应用单元素靶材溅射，具有沉积温度低、沉积速率高、靶材不受限制、镀膜质量好的优点。

电阻丝蒸镀法：电阻丝蒸镀法是在真空室中，用电阻丝加热 SiO_x，温度可达1700℃，高温及真空使 SiO_2 以原子或分子的形态从其表面气化逸出，形成蒸气流，该蒸气流在基材表面沉积，形成含 SiO_x 镀层的阻隔性包装薄膜。

电子束蒸发镀膜法：电子束蒸发镀膜法是将 SiO_2 放入水冷铜坩埚中，直接利用电子束加热，使之蒸发气化，然后凝结在基材的表面上形成含 SiO_x 镀层的阻隔性包装薄膜。电子束轰击热源的束流密度高，能获得远比电阻加热源更大的能量密度，蒸发温度高（电子束加热能量达 $20kW/cm^2$，温度更可达 $3000\sim6000$℃），因而特别适合制作高熔点薄膜类材料和高纯薄膜材料，而且能有较高的蒸发速度。由于热量可直接加到蒸镀材料的表面，因而热效率高，热传导和热辐射的损失少，所生产的 SiO_x 阻隔性包装薄膜的阻隔性，较之电阻丝蒸镀法生产的产品，性能也有显著提高。

溅射法：亦称磁控溅射法或高速低温溅射法。用单元素靶材溅射并通入反应气体，进行的反应称为反应溅射，通过调节沉积工艺参数，可以制备化学配比或非化学配比的化合物薄膜，从而达到调节薄膜镀层的组成以调控薄膜特性的目的。磁控溅射法与蒸发法相比，具有镀膜层与基材的结合力强，镀膜层致密、均匀等优点。磁控溅射的其他优点有设备简单、操作方便等，在溅射镀膜过程中，只要保持工作气压和溅射功率恒定，基本上即可获得稳定的沉积速率。磁控溅射的最大缺点是沉积速率相对较低，此外可能发生靶中毒，引起的打火和溅射过程不稳定以及膜的缺陷等，这些缺点限制了它的实际应用，尚有待进一步加以改进。

② 化学蒸镀（PECVD）。化学蒸镀亦称等离子体增强化学气相沉积或等离子体聚合气相沉积，是利用等离子体手段产生电子、离子及活性基团，在气态或基体表面进行化学反应。等离子体增强化学气相沉积技术，利用射频（RF）电源产生辉光放电（射频电源放电方式可以设置为连续放电方式或脉冲放电方式），或者微波（MW）放电来离解反应气体，形成等离子体，等离子体与基膜表面发生相互作用并沉积成膜。谷吉海等曾在包装工程中，对 PECVD 蒸镀技术的原理、特点和应用进行了详细介绍，并对陶瓷膜蒸镀技术的发展趋势进行了展望。

等离子体增强化学气相沉积，采用有机硅化合物作为单体［主要是有机硅烷如六甲基二硅氧烷（HMDSO）、四甲基二硅氧烷（TMSO）、八甲基二硅氧烷等］，用等离子体手段先使之进行离解，然后聚合沉积在基材表面上，是一种新的 SiO_x 阻隔性包装薄膜的制备方法，等离子体增强化学气相沉积方法，具有沉积温度低、沉积速度快的特点，通过改变极板负偏压，在制备薄膜过程中可调节各种粒子的能量，从而制备出致密、均匀、高质量的 SiO_x 阻隔性包装薄膜。近年来该法在等离子体化学领域的研究工作十分引人注目。

③ 国外一些具代表性的 SiO_x 阻隔性包装薄膜生产技术，见表 2-16。

表 2-16　国外一些具代表性的 SiO_x 阻隔性包装薄膜生产技术

蒸镀方法		原料类型	商品名	公司
PVD 法（物理蒸镀法）	电阻加热	SiO	GT 膜	东洋インキ(日),涂料、油墨制造商
		SiO	GL 膜	凸版印刷(日)塑料薄膜加工商
		SiO	ラックバリヤ	三菱化成ポリテック(日)塑料薄膜制造商
		SiO	Trans Pack	Hex Product(美)加工商
		SiO	Silaminate	4P(Vanlee)(德)加工商
		SiO	DOB	Galieo(意)蒸镀机械制造商
		SiO	—	ULVAC(日)蒸镀机械制造商
	电子束枪	SiO	MOS	尾池工业(日)金属化商
		SiO	Ceramis	Aluswiss(瑞士)加工商
		SiO	—	Leybold(德)蒸镀机械制造商
		SiO	DOB	Cetev(意)开发研究公司

蒸镀方法	原料类型		商品名	公司
CVD法（化学蒸镀法）	高频	有机硅化合物	QLF	Airo Coating(美)蒸镀机械制造商
	低温等离子	有机硅化合物	Surpper Barrier	PC Materials(美)合资经营企业
	电磁波	聚硅氧烷	QLF	BOC(美)开发研究公司
			—	ECD(美)开发研究公司

（2）影响蒸镀型氧化硅阻隔性包装薄膜性能的因素

① 基材的选择性。如前所述，蒸镀型氧化硅阻隔性包装薄膜的阻隔性，依靠于 SiO_x 涂层，因此在蒸煮处理过程中，不能破坏该涂层。蒸镀型氧化硅阻隔性包装薄膜通常与其他薄膜复合，制造蒸煮薄膜。选择蒸煮基材应当注意如下几个问题：

a. 塑料薄膜的类型。蒸镀的氧化硅膜与塑料薄膜之间的黏合牢度，与塑料基膜种类之间有较大的关系，PET、PVC 等极性较大的薄膜与氧化硅间的黏合性较佳，而非极性的薄膜，与氧化硅间的黏合力则比较差。

b. 塑料薄膜表面状态。蒸镀型氧化硅阻隔性包装薄膜的阻隔性，除了受蒸镀层的厚度影响之外，更大程度上决定于氧化硅镀层的均匀性。裂缝、针孔等缺陷，会导致蒸镀型氧化硅包装薄膜的阻隔性明显下降，缺陷的形成除了蒸镀层本身的化学成分与结构之外，所用基膜的表面平滑性，也是一个重要因素，粗糙度越大，越容易造成蒸镀缺陷，但适当的粗糙度，会使蒸镀层和基膜的表面之间形成物理锚接，改善层间黏合力。

c. 塑料薄膜的表面预处理状况。为了得到优质的蒸镀薄膜，对基膜进行适度的表面电晕处理是十分必要的。塑料薄膜经过表面电晕处理，可在其表面形成氧化层（通过交联、臭氧化、羧基化、硝基化等多种复杂的化学反应，将氧、氮等原子及原子团引入到塑料薄膜的表面上），增大基膜与蒸镀涂层之间的结合力。在预处理设备一定的情况下，如果预处理时间不足，表面改性不充分，将导致基膜与涂层之间的结合牢度下降；预处理时间过长，可能引起基膜较深层次的界面弱化，产生基膜自身的弱界面层，也会引起基材表面和蒸镀层间的结合力下降。

② 蒸镀工艺条件对蒸镀型氧化硅阻隔性包装薄膜性能的影响。不论采用物理蒸镀或者化学蒸镀，蒸镀工艺条件都可能对蒸镀型氧化硅阻隔性包装薄膜的性能产生显著的影响，因此应当尽可能采用有利于提高蒸镀薄膜阻隔性的工艺条件[6]。

例如采用物理蒸镀时，真空度的高低、基材薄膜的温度、电子枪的功率、蒸镀原料 SiO 的形状、真空室中氧气导入的速度、蒸镀涂层的厚度（决定于蒸镀时间与蒸发功率）等均会影响最终产品的性能；蒸镀时真空度越高，越有利于 SiO 的蒸发，制得的蒸镀膜的质量越高；蒸镀时塑料基膜的温度高，有利于蒸发

的 SiO_x 在塑料基膜上沉积，形成致密的涂层并有利于提高蒸镀层与塑料基膜间的黏结强度，因此适当提高塑料基膜的温度，有利于提高蒸镀薄膜的质量；采用电子枪轰击、蒸发 SiO_2 时，宜使用块状的 SiO_2，因为粉状的 SiO_2 在受电子枪轰击时，易产生粉末溅射现象，影响蒸镀膜的质量；而粉状 SiO_2 则有利于电阻加热蒸发；氧气的导入速度，影响蒸镀层的组成，即 SiO_x 中 Si 原子数与 O 原子数的比值，氧的量越大，即 x 的值越大，蒸镀层向透明性提高的方向移动，但阻隔性有降低的趋势，当 x 等于 2 时，得到阻隔性能差的、无色透明的蒸镀层，通常 x 控制在 $1.5\sim1.8$ 之间以获得兼具高阻隔性及良好透明性的蒸镀氧化硅薄膜。蒸镀层的厚度增加，蒸镀膜的阻隔性增加，但当蒸镀层的厚度超过 500Å 时，蒸镀层的厚度再进一步增大，蒸镀膜的阻隔性基本保持不变，因此不能指望依靠降低生产线的线速度（增加蒸镀时间）、增加蒸镀层的厚度的办法，无限度地提高蒸镀薄膜的阻隔性。

化学蒸镀中，高频电磁波或微波频率的选择，应与离子化气体中的离子化能量以及蒸镀材料离子化所需要的能量相匹配，高频电磁波一般选用 13.56MHz，微波一般选用 2.45MHz，真空度在 10^{-2}Pa 左右即可获得优良的蒸镀效果，而物理蒸镀时则需要更高的真空度，即 $10^{-2}\sim10^{-3}\text{Pa}$ 或者更高的真空度。

我们在观察蒸镀型氧化硅阻隔性包装薄膜的众多具有实际应用价值的特性时，首先是要重视它对氧气和水蒸气的特别优良的阻隔性，虽然由于各公司生产方法或生产条件不同，不同蒸镀型氧化硅阻隔性包装薄膜工业化品牌，在阻隔性方面有一定的差异，但总体上蒸镀型氧化硅阻隔性包装薄膜的阻隔性，均接近于铝箔而明显地高于普通阻隔性包装薄膜，而且当蒸镀型氧化硅阻隔性包装薄膜与PE、CPP 等热封性薄膜复合之后，阻隔效果更佳，SiO_x 阻隔性包装薄膜复合后的透氧及透湿性能见表 2-17。除了优良的阻氧防潮性之外，蒸镀型氧化硅阻隔性包装薄膜还可具有良好的保香性，耐油性，适合于各种食品的包装；蒸镀型氧化硅阻隔性包装薄膜透明性好，对商品具有良好的展示效果，用于销售包装，促销效果显著；蒸镀型氧化硅阻隔性包装薄膜微波透过性好，适用于微波加热食品包装；蒸镀型氧化硅阻隔性包装薄膜耐高、低温性好，使用温度范围宽，可用于蒸煮包装与冷藏包装；蒸镀型氧化硅阻隔性包装薄膜具有优秀的耐药品性，可用于耐酸碱的包装；蒸镀型氧化硅阻隔性包装薄膜环境友好，易于回收利用，燃烧时不会产生有毒有害物质，对环境不会造成污染，等等。

表 2-17 SiO_x 阻隔性包装薄膜复合后的透氧及透湿性能

结构	透 O_2 性(101.3kPa,30℃,70%RH)/[mL/(m²·d)]或(30℃、70%RH)/[mL/(m²·d·0.1MPa)]	透 H_2O 性(40℃,90%RH)/[g/(m²·d)]
SiO_xPET12μm/PE60μm	0.5	0.5

续表

结构	透 O_2 性(101.3kPa,30℃,70%RH)/[mL/(m² · d)]或(30℃、70%RH)/[mL/(m² · d · 0.1MPa)]	透 H_2O 性(40℃,90%RH)/[g/(m² · d)]
$SiO_xN_y15\mu m/PE60\mu m$	0.7	6.5
$OPP20\mu m/SiO_xN_y15\mu m/PE60\mu m$	0.2	0.8
$KOPP20\mu m/CPP60\mu m$	13	2.2
$OPP20\mu m/EVAL15\mu m/PE60\mu m$	0.5	5.5
$ON_y15\mu m/PE60\mu m$	60	15

第四节　干法复合、湿法复合与无溶剂复合

一、干法复合、湿法复合与无溶剂复合简述

干法复合、湿法复合与无溶剂复合，都是采用胶黏剂将两膜状基材黏合制取塑料软包装材料的复合工艺，但三种工艺其工艺过程又有各自不同之处，简述于后。

(1) 湿法复合的工艺过程　湿法复合的工艺过程如下：

(2) 干法复合的工艺过程　干法复合的工艺过程如下：

(3) 无溶剂复合的工艺过程　无溶剂复合的工艺过程如下：

二、湿法复合、干法复合与无溶剂复合的基本特征

干法复合、湿法复合与无溶剂复合，虽然有使用胶黏剂将两种膜状基材黏合，制取塑料软包装材料的复合共同点，但这三种复合方法，也存在着巨大的差异，各有特点。

1. 湿法复合

湿法复合过程中，基材在涂胶之后即压紧、贴合，再通过烘道，使胶黏剂中的溶剂挥发干燥，然后熟化，得到产品。因此具有如下特点：

① 涂布的胶黏剂是溶液，因而可以采用溶剂对胶黏剂的黏度进行调节，可采用较高分子量的胶黏剂，复合式黏度调节的余地也比较大。

② 胶黏剂的涂胶黏度，可通过加入溶剂进行调节，可应用分子量较高的胶黏剂，复合时的初粘力较高，操作、控制难度较低。

③ 湿法复合使用的基材，至少有一种是多孔性材料，以确保基材贴合之后溶剂的挥发，因此适用范围较小、应用量不多。

2. 干法复合

如上所述，干法复合也使用溶剂型胶黏剂，胶黏剂涂布于一种膜状基材的表面上，随即将涂有胶黏剂的基膜通过烘道将胶黏剂中的溶剂完全挥发、干燥，然后通过复合辊使它与另一基材压紧、贴合在一起，收卷的薄膜经过固化处理（使胶黏剂适度化学交联）而制取复合薄膜。

因此干法复合具有如下特点：

① 涂布的胶黏剂是溶液，因而可以采用溶剂对胶黏剂的黏度进行调节，可采用较高分子量的胶黏剂，复合式黏度调节的余地也比较大。

② 胶黏剂的涂胶黏度，可通过加入溶剂进行调节，可应用分子量较高的胶黏剂，复合时的初粘力较高，易操作、控制。

③ 适用范围较大，可以应用于任何膜状基材的复合，是国内目前塑料软包装应用最为广泛的工艺之一。

3. 无溶剂复合

与干法复合和湿法复合不同，无溶剂复合的胶黏剂中不含溶剂，生产中不需要将胶黏剂中的溶剂挥发、排放，是业界公认的清洁化工艺，与国内广泛使用的干法复合相比，拥有明显的优势[7～9]。

(1) 节约资源显著　不使用溶剂；没有烘道干燥过程，可节约大量能源；胶料少：无溶剂复合单位面积胶黏剂涂布量，约为干法复合单位面积胶黏剂干基涂布量的 2/5。

(2) 环保适应性好　无溶剂复合使用的胶黏剂是百分之百的胶，不含任何溶剂，因而在生产过程中，除停机时需要用少量溶剂对涂胶部分进行清洗之外，没有溶剂排放，生产中没有三废物质产生，不会由于大量溶剂的排放影响生产工人的身体健康，也不会对周边环境产生污染，有利于清洁化生产。

此外，采用无溶剂复合替代干法复合对于减少 CO_2 的排放也有明显的效果。

陈高引用 Boustead Consulting Lid 公司关于软包装胶黏剂生命周期分析报告的数据，以量化指标，阐明了无溶剂复合较之采用溶剂型胶黏剂与采用水基胶黏剂的干法复合，在减少碳排放方面的效果。干法复合（溶剂型胶黏剂及水基胶黏剂）与无溶剂复合（无溶剂胶黏剂）的碳排放比较[10]见表 2-18。

(3) 安全、卫生性好　复合薄膜不会因残存溶剂而污染所包装的内容物，产品的卫生可靠性好；无溶剂复合生产中不使用可燃、易爆性有机溶剂，故安全性好。

表 2-18　干法复合（溶剂型胶黏剂及水基胶黏剂）与无溶剂
复合（无溶剂胶黏剂）的碳排放比较

项目	溶剂型胶黏剂	水基型胶黏剂	无溶剂胶黏剂
CO_2 排放/(kg/1000m^2)	59.6	33	8.6
水消耗/(L/1000m^2)	405.5	57.4	168.6
原料消耗/(kg/1000m^2)	26.9	12.2	5.0

（4）可明显地降低生产成本　如满负荷生产，有望较广泛使用的干法复合明显地降低生产成本。无溶剂复合的加工成本可降低50%甚至更多，其主要优势分析如下：

① 无溶剂复合耗用胶黏剂的成本低，是降低复合成本的一个极其重要的因素。

无溶剂复合与干法复合单位面积上胶成本比较见表 2-19。

表 2-19　无溶剂复合与干法复合单位面积上胶成本比较（轻包装用复合薄膜）
（按 2015 年一季度无溶剂胶黏剂、溶剂型胶黏剂及溶剂醋酸乙酯的价格测算）

	项目	无溶剂复合	干法复合
胶黏剂成本	单位面积黏合剂固含量/(g/m^2)	1.5～2.0	2.5～3.0
	单位面积涂胶量/(g/m^2)	1.5～2.0	3.33～4.00 （75%浓度胶）
	黏合剂单价/(元/kg)	约 29	约 20
	单位面积黏合剂成本分/m^2	4.3～5.8	6.66～8.00
稀释剂成本	单位面积胶需添加溶剂量/(g/m^2)	0	2.9～3.5
	溶剂乙酸乙酯单价/(元/kg)		约 6.5
	单位面积胶需添加溶剂量/(g/m^2)		2.9～3.5
	单位面积添加溶剂成本/(分/m^2)		0.189～1.225
上胶总成本/(分/m^2)		4.3～5.8 中值为 5.05	9.57～9.225 中值为 9.40

无溶剂复合涂胶费用仅为干法复合涂胶费用的50%左右！

关于无溶剂复合可大幅度降低胶黏剂用量的问题，史英娟对此作过详细的分析[11]。

史英娟指出，之所以无溶剂复合可以采用较干法复合低得多的胶黏剂的涂布量，即可满足复合的要求，主要基于两种胶黏剂及复合方法固有的特性：

一般地，干式复合胶黏剂的工作浓度在28%～40%，黏度在13～15s之间（3#察恩杯），而无溶剂复合的胶黏剂的黏度为55～60s之间（3#察恩杯）。干式复合时由于在烘道中胶黏剂层的溶剂的挥发，胶黏剂层的黏度大幅度增大，在复合收卷完毕后，干式复合的胶黏剂层完全失去流动性，而无溶剂复合在整个复合过程中，胶黏剂的黏度不发生明显的变化，直至收卷之后胶黏剂还有一定的流动性，胶黏剂涂布时所存在的不连续点等缺陷，会通过胶黏剂的流平而克服。因此，无溶剂复合不需要像干式复合那样，依靠提高整体涂布量来达到避免产生胶黏剂层缺陷的问题，平均涂布量只要 $16\sim1.8g/m^2$ 即可，远远低于干式复合的 $30\sim35g/m^2$ 的水平，大大节约胶黏剂的使用量。

干式复合在涂胶后未经烘干时，液态的胶黏剂层黏度很低将不断地向油墨层内部进行渗透，直至完全干燥，胶黏剂的黏度迅速增大到无法流动的状态。因此，干式复合在基材油墨层比较厚的情况下，需要提高上胶量以弥补渗透带来的胶黏剂空缺。而无溶剂胶黏剂的黏度要比完全干燥后的干式复合胶黏剂的黏度要低很多，但要远高于液态下的干式复合胶黏剂层的黏度，其自身流平的速度要大于向油墨层内部进行渗透的速度。也就是说，无溶剂复合胶黏剂在涂布和复合后被油墨层吸收的量，要大大低于干式复合，从而减少了涂布量。

② 无溶剂复合一次性投资少，设备回收折旧成本也比较小（复合设备没有预干燥烘道，设备造价较低可降低 30%或者更多）；设备占地面积小，可明显降低车间面积；无溶剂复合黏合剂的体积小又不用储藏溶剂，可以减少仓储面积。

③ 无溶剂复合，节能显著。复合过程中，不需要经过烘道加热排除胶黏剂中的溶剂，每条无溶剂复合生产线，较之干法复合生产线，耗用能量要少得多（约为干法复合生产线的 1/20）。据海宁长海包装有限公司实际应用表明，一条无溶剂复合生产线较之干法复合生产线，一年节约的电费高达 20 余万元。

④ 无溶剂复合生产线速度明显提高，因而可以使生产成本降低。无溶剂复合的最高线速度高达 500m/min 以上，一般亦在 300m/min 左右。

⑤ 无溶剂复合不需治理三废。无溶剂复合无三废物质产生，不需配置昂贵的环保装置以及相应的运行费用。

综上所述，采用无溶剂复合替代干法复合，不仅在环境保护、生产安全、确保产品质量方面，都表现了明显的优势，而且降低生产成本、提高经济效益方面成效十分显著，对于企业参与激烈的市场竞争，或者获取更为丰厚的利润，也具有很大的意义，因此无溶剂复合，已成为许多工业发达国家的主导复合工艺，近年来无溶剂复合在我国也得到了飞速的发展，虽然目前在规模上较之干法复合还较为逊色，但它有每年高达数百条生产线的增长速度，估计在不远的将来，无溶剂复合必将超越干法复合，成为我国软包装复合材料的主导生产工艺。

三、干法复合、湿法复合与无溶剂复合主要应用领域[12]

1. 干法复合与无溶剂复合

干法复合与无溶剂复合原则上可以应用于所有膜状基材的复合，如：

① 塑料薄膜与塑料薄膜的复合，包括单层塑料薄膜与单层塑料薄膜间的复合、单层塑料薄膜与多层塑料薄膜（包括共挤出薄膜或有涂覆塑料层的塑料基

膜）间的复合；

② 塑料薄膜和非塑料的其他膜状之间的复合，如塑料薄膜和铝箔的复合、塑料薄膜与纸张的复合，塑料薄膜与无纺布之间的复合等。

工业用塑料软包装材料，原则上都既可使用干法复合工艺生产，也可使用无溶剂复合生产，随着无溶剂胶黏剂及工艺的不断进步，塑料软包装材料中一些过去不能应用无溶剂复合生产的特定产品，如重包装用复合薄膜，121℃蒸煮用铝塑复合薄膜等产品，已经可利用无溶剂复合生产；135℃高温蒸煮型薄膜、农药等化工产品用抗介质的复合薄膜，目前暂时还不能用无溶剂复合生产，只能采用干法复合，可以乐观地预期，伴随着无溶剂胶黏剂及工艺的进一步进步，这些特种产品，利用无溶剂工艺生产，将逐步变成现实。

如中国专利CN1031011287A重包装薄膜的制备方法中，详细地披露了利用无溶剂复合工艺，生产重包装薄膜用原材料、胶黏剂、生产工艺及产品性能等相关情况。

该专利指出，以 LLDPE 薄膜和 BOPA 薄膜（或者 BOPET、BOPP 薄膜）为基材，汉高公司的无溶剂胶黏剂 Liofol UR7780/UR6080（或 Liofol UR7750/UR6071）为胶黏剂，上胶量为 2.6～2.9g/m²，LLDPE（涂胶基膜）的放卷张力为 12～19N、BOPA 基膜的放卷张力为 2～3N 复合张力为 48～52N，熟化温度为 47～52℃，产品有良好的使用性能。

实施例：以 LLDPE 为基材，放卷张力控制在 15N、在 50℃的温度下涂布无溶剂胶黏剂，上胶量为 2.6g/m²，基材 BOPA 放卷张力 3N，LLDPE 和 BOPA 的复合张力为 60N，复合膜在 45%RH、50℃的条件下熟化 36h，制得 BOPA（15μm）/LLDPE（90μm）的重包装复合薄膜。

该膜的复合强度 4.8N/15mm，热封强度 69.87N/15mm，拉伸强度 125MPa，1.2m 自由落体 10 次不破。

2. 湿法复合

湿法复合的应用，仅用于含多孔性基材的复合，主要用于塑料薄膜与纸张的复合、塑料薄膜与无纺布的复合等。

无溶剂复合的设备、无溶剂胶黏剂、无溶剂复合工艺以及无溶剂复合的综合评价等，将在第三章～第六章中进一步作较为详细的介绍。

参考文献

[1] 陈昌杰主编. 塑料薄膜的印刷与复合. 第3版. 北京：化学工业出版社，2013：150.
[2] 刘西文等. 高阻隔纳米抗菌包装膜的研制与应用. 全球塑料包装工业，2012，(1)：58-60.
[3] 潘健，张和平. 广东包装，2011，(3)：16-17.

［4］　中国专利申请号200510049011X. 多层共挤输液膜及其制造方法.

［5］　王畅等. 塑料包装, 2002, (2): 26-29.

［6］　陈昌杰. 蒸镀氧化物型阻隔性包装薄膜. 广东包装, 2012, (5): 25-31.

［7］　陈昌杰. 解读无溶剂复合. 塑料包装, 2008, (5): 27-32, 7.

［8］　姜楠楠. 无溶剂复合的优势及应用分析. 塑料包装, 2011, (1): 35-37.

［9］　吕玲等. 国内外无溶剂复合设备的现状与发展趋势. 包装工程, 2010, (9): 87-93.

［10］　陈高兵. 无溶剂复合工艺及陶氏化学无溶剂胶粘剂的应用. 中国包装报, 2010-7-5(8).

［11］　史英娟. 浅议无溶剂复合粘合剂干式复合粘合剂的差异. 印刷技术, 2006, (10): 34.

［12］　周祥兴, 任显诚. 塑料包装材料成型及应用技术. 北京: 化学工业出版社, 2004.

第三章

无溶剂复合设备

第一节　概　　述

　　无溶剂复合与干法复合工艺，均由德国的 Herberts 公司发明。1960 年 Herberts 公司开发成功塑料薄膜的干法复合工艺并应用于工业化生产，为克服干法复合固有的浪费资源、污染工作场地及周边环境等诸多缺点，1974 年 Herberts公司又开发了无溶剂复合工艺及设备。之后，西方工业发达国家的许多机械企业，相继进入无溶剂复合设备领域。据不完全统计，我国就先后从意大利的诺德美克公司、Schiavi 公司、MB 公司，西班牙的科美西公司，瑞士的罗德麦克公司等公司进口过无溶剂复合生产线。这些无溶剂设备生产企业中，以诺德美克公司的专业化程度最高、规模最大。自 20 世纪 70 年代以来，诺德美克公司生产销售的无溶剂复合机已达一千余台、在中国也有上百台的无溶剂复合机的销售业绩，该公司的无溶剂复合机的机型，几乎涵盖了无溶剂复合机的所有类型，包括单放、单收的简易型设备，双放双收的标准型设备，串联式组合设备以及可用于无溶剂复合、干法复合及涂布的多功能设备等。为参与中国无溶剂设备的竞争，诺德美克公司还在 2012 年，在上海浦东建立了诺德美克（上海）机械有限公司。诺德美克（上海）机械有限公的建立，也为我国塑料软包装界的同仁了解国外无溶剂复合发展态势，开启了一扇窗口。

　　我国的无溶剂复合设备的生产起步较晚，直到 21 世纪初，我国一直没有无溶剂复合设备的生产。在 20 世纪末（1999 年左右），汕头华鹰软包装设备总厂有限公司，曾涉足无溶剂复合机领域并研发出两台无溶剂复合机的样机，但后来因该公司工作重心转向涂布等产品，中断了无溶剂复合设备方面的工作。2007年，在广州花都成立了广州通泽机械有限公司，专门致力于无溶剂复合设备的开发研究，2008 年率先在国内研制成功 SSL1300A 型无溶剂复合机，并于 2010 年完成了 SM-1 标准型自动混胶机研发工作，为我国的无溶剂复合设备的产业化与国产化，奠定了良好的基础，至 2014 年，广州通泽机械公司生产销售的无溶剂复合机已突破 300 台大关，成为我国无溶剂复合设备最大的供应商之一。

进入 21 世纪之后，除广州通泽机械有限公司之外，国内机械系统的其他众多的企业，也开始关注、进入无溶剂复合机的研发、生产领域，呈现了雨后春笋般的发展态势。据不完全统计，继广州通泽机械有限公司之后，深圳市田乐包装机械制造有限公司、重庆鑫仕达包装设备有限公司、中山的松德机械股份有限公司、陕西的陕西北人印刷机械有限责任公司、上海洲泰轻工机械制造有限公司、江阴市汇通包装机械有限公司、汕头市华鹰软包装设备总厂有限公司等许多公司，都先后推出了各自的无溶剂复合设备，呈现了一个欣欣向荣、百花争艳的局面，多种国产的价廉、优质的无溶剂复合机参与市场竞争；例如广州通泽公司，2011 年 5 月，推出最高速度 250m/min 的 SLL 1000B 型无溶剂复合机，同年 7 月，推出了最高速度 450m/min 的 SSL 300C 型无溶剂复合试验机，2012 年 3 月，推出了最高速度 450m/min SSL 3000C 型无溶剂复合机，2012 年 9 月，推出最高速度 600m/min SLL 1300D 型无溶剂复合机，2013 年初，又推出了 SLF1000/1300AT 型双工位无溶剂复合机。在无溶剂复合设备领域，我国机械行业与国外先进水平的差距，正在不断缩小；与此同时，在无溶剂复合设备的研发进程中，国内机械行业的相关朋友，也较之以前更加注意知识产权的保护问题，申请了大量的专利，为我国的无溶剂复合的发展，奠定了坚实的基础，有关无溶剂复合设备的中国专利，可参见本章附录。

机械行业大量介入无溶剂复合设备领域，除了为我国软包装行业提供了质优、价廉的无溶剂生产设备之外，无溶剂复合设备的服务保障体系，也得到了相应的壮大与发展，成为推动无溶剂复合的一支不容忽视的力量。21 世纪，是我们塑料软包装行业实现由大到强的关键性时间节点，也是我国干法复合向无溶剂复合转变的一个黄金时期。

无溶剂复合设备，包括无溶剂复合机、无溶剂胶黏剂的混胶、供胶机（业内亦常称为"打胶机"）以及熟化室等几个部分。考虑到无溶剂复合与干法复合在工艺上有一个共同的特点——都是用胶黏剂将两种膜状基材黏结而制取复合软包装材料的工艺，这两种工艺的应用领域也存在有很大的交叉与重叠，存在着很强的竞争性与互补性，在无溶剂复合设备的论述中，笔者将尽可能地采用与干法复合进行比较的方法加以说明，以便使读者对无溶剂复合设备有一个比较深入的了解。

第二节 无溶剂复合机

无溶剂复合机是无溶剂复合的必要的生产设备，换言之没有无溶剂复合机，就不可能进行无溶剂复合。无溶剂复合机，由涂布单元、复合单元以及收卷、放卷等几个部分组成，各个单元之间通过若干导辊连接。为提高薄膜的表面张力、改善胶黏剂与塑料薄膜间的结合强度、提高复合薄膜的层间剥离力，部分无溶剂复合机，还配有电晕处理装置。

无溶剂复合机的有三种基本布局形式，即普通单工位复合布局（见图3-1）、阴阳面单工位复合布局（见图3-2）和双工位复合布局（见图3-3）。

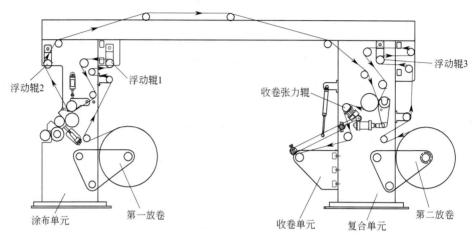

图 3-1　普通单工位复合无溶剂复合机布局示意图

如图3-1所示，普通单工位复合无溶剂复合机主要分为5大部分组成：第一放卷，涂布单元，第二放卷，复合单元及收卷单元。单工位无溶剂复合机的走料路径如图3-1所示：第一放卷基材经浮动辊1后进入涂布辊，涂布上胶后通过浮动辊2进入复合单元；第二放卷基材通过浮动辊3，进入复合，与第一放卷基材复合。两基材复合完成后，经过收卷张力辊完成收卷。

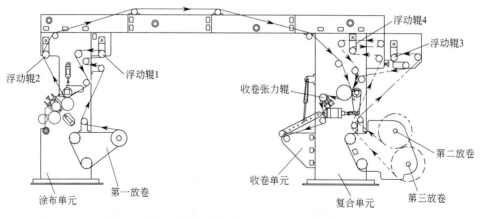

图 3-2　阴阳面单工位复合无溶剂复合机布局示意图

如图3-2所示，阴阳面单工位复合无溶剂复合机主要分为6大部分：第一放卷，涂布单元，第二放卷，第三放卷，复合单元及收卷单元。其特征在于将第二放卷和第三放卷基材通过合理的走膜路线，完成阴阳膜（膜卷的薄膜内表面或者外表面）与第一基材的复合。

阴阳膜无溶剂复合机的走料路径如图 3-2 所示：第一放卷基材经浮动辊 1 进入涂布辊，涂布上胶后通过浮动辊 2 进入复合单元。第二放卷基材通过浮动辊 3 进入复合单元。第三基材通过浮动辊 4 进入复合单元，经过收卷张力辊完成收卷。

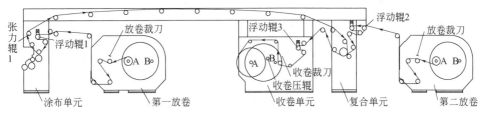

图 3-3　双工位复合无溶剂复合机布局示意图

如图 3-3 所示，双工位无溶剂复合机主要分为 5 大部分：第一放卷，涂布单元，第二放卷，复合单元及收卷单元。其中第一放卷、第二放卷上设置有纠偏控制单元以及放卷切刀装置，自动接料装置，涂布单元为涂布单元为计量辊、转移钢辊、转移胶辊、涂布钢辊以及涂布压辊组成的五辊涂布系统。收卷单元设置有收卷裁刀及收卷压辊装置。

其特征在于放卷和收卷单元均有 A、B 两个装置，A 轴基材直径达到设定值时，设备报警，此时将 B 轴装上新料卷（或者纸芯）。A 轴旋转至接料（或裁切位置），B 轴旋转至接料（或者卸料位置），通过自动接料（或裁切），实现不停机接换料。

双工位无溶剂复合机的走料路径如图 3-3 所示：第一放卷基材经浮动辊后进入涂布单元，涂布上胶后通过张力辊 1 进入复合单元。第二放卷基材通过浮动辊 2，进入复合单元与第一放卷基材复合。两基材复合完成后，经过摆辊完成收卷。

一、无溶剂复合机的基本结构

1. 涂布单元

无溶剂复合使用的胶黏剂不含溶剂，其黏度较干法复合时所使用的溶剂型胶黏剂的黏度要大得多，因此无溶剂复合的涂布单元，与干法复合的涂胶装置完全不同。无溶剂复合不使用干法复合时所采用网纹辊（凹版）涂布胶黏剂，而采用多辊涂布装置来涂布胶黏剂。干法复合采用网纹辊涂胶，施工的初期（刚涂好胶时）涂层呈凹凸状、厚薄不均，需要在后继的薄膜移动与干燥过程中，胶黏剂在干燥失去流动性之前，通过胶黏剂的流动展开而渐趋均匀，因此网纹辊的涂布的胶黏剂涂布层的厚度均匀性较差，而且难以通过网纹辊的涂布得到很薄的涂层；另外采用网纹辊涂布时，涂布量主要决定于涂布辊的网纹线，一旦网辊确定，涂布量的调节范围受到很大的局限（仅可通过改变胶黏剂浓度，使上胶量得到适当的调节），当要对上胶量作较大幅度的调整时，需要更换网纹辊。而无溶剂复合采用多辊涂布法，具有涂布层的平整度高、涂层厚度容易调整等优势，有利于实现涂层的精准控制，也便于制得更薄的涂层，节约胶黏剂，降低生产成本。

与网纹辊的涂布单元相比，多辊涂布单元的结构较为复杂。常见的无溶剂复合机的多辊涂布单元有三种结构。

多辊涂布单元的一种是结构简单的四辊涂布装置，日本的无溶剂复合机大多采用此结构。四辊涂布装置由胶料辊（钢辊）、计量辊（钢辊）、涂胶辊（钢辊）和涂布压辊（橡胶辊）四个辊筒组成。此种设计的缺点在于是计量辊和涂布辊两钢面直接接触，这样的后果一则影响辊的使用寿命；二则因摩擦产生的热量可能改变黏合剂的黏度；三则可能将黏合剂蒸发成雾状颗粒，从而引起"蒸腾起雾"现象的发生。无溶剂复合机用四辊涂布装置示意图如图 3-4 所示。

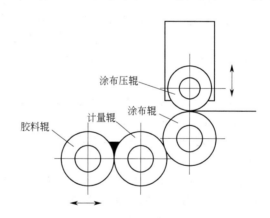

图 3-4　无溶剂复合机用四辊涂布装置示意图

多辊涂布单元的另一种结构是六辊涂布装置，比如法国 DCM 公司的无溶剂复合机涂布装置。六辊涂布装置在计量辊和转移辊之间增加了一套橡胶浮动辊和一个转移辊，六辊涂布单元可消除部分黏合剂的"蒸腾起雾"现象。但其转移辊（钢棍）和涂布辊（钢棍）仍然是直接接触，仍存在着四辊涂布装置中的一些问题，而且六辊结构使涂布装置变得更加复杂，加大了设计和制造难度，增加制造成本，因而并不可取。无溶剂复合机用六辊涂布装置的示意图如图 3-5 所示。

多辊涂布单元的第三种结构是五辊涂布装置。考虑上述四辊涂布装置和六辊涂布装置各自的优缺点，现在的溶剂复合机大都采用五辊涂布装置。

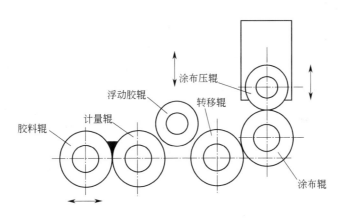

图 3-5　无溶剂复合机用六辊涂布装置示意图

　　五辊涂布单元，是最为常用的、典型的多辊涂布装置，如图 3-6 所示。五辊涂布单元由胶料辊、计量辊、浮动橡胶辊、涂布辊和涂布压辊组成（也有人将胶料辊称为计量辊、计量辊称为转移辊、浮动橡胶辊称为转移胶辊、涂布压辊称为衬辊，称谓之不同对其在涂布单元中所发挥的作用，无任何实质性影响），其中胶料辊、计量辊和涂布辊为钢辊，转移辊、涂布压辊为橡胶辊。和四辊涂布单元相比，由于在计量辊和涂布辊之间增加一个橡胶转移辊，避免了计量辊和涂布辊两钢辊的表面直接接触，降低计量辊和涂布辊两个钢辊的使用寿命，同时也避免了因两个钢辊表面摩擦产生热量，从而避免了生产过程中因辊筒间的摩擦热导致辊筒表面升温所引起的胶黏剂的黏度变化、避免了摩擦热导致胶黏剂蒸发成雾状

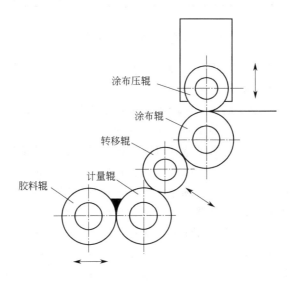

图 3-6　五辊涂布单元示意图

所引起的"蒸腾起雾"的现象。

五辊涂胶单元的计量辊、转移橡胶辊、涂布辊分别采用独立伺服驱动和线性独立调节，以保证转速的精准性。

图 3-7　转移橡胶辊的切台示意

涂布装置所用的转移橡胶辊，是因涂布基膜宽度不同而需要经常更换的配件。为使涂胶宽度与复合基材的宽度相匹配，通常需根据复合基材的宽度，将转移橡胶辊的两端切去一部分，形成一个切台，切台的高度在3~5mm之间（如果切台的高度太小，台阶外容易产生胶黏剂的堆积），见图3-7。

此外，无溶剂复合设备生产企业的经验表明，在加工转移橡胶辊时，可将中间部分尺寸略微放大，设置所谓"中高值"，见图3-8。"中高值"因复合机的运转速度和辊筒的长度不同而异，主要取决于复合宽度、基材厚度、橡胶辊材质/硬度/直径、运行速度等因素，中高值是一个区间值，不是一个固定值。当复合机的运转速度为350m/min，胶辊的长度在1500mm以内时，最佳"中高值"为0.12mm左右。

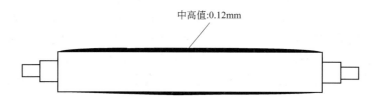

图 3-8　转移橡胶辊的"中高值"示意图

中高辊常使用于宽幅机型（如基材宽度超过1200mm）、厚重材料（如厚膜或厚纸）和高速机型（如最高速度400m/min以上）。

为了防止无溶剂胶黏剂过度向胶料辊和计量辊的两端流动，通常还在胶料辊和计量辊之间的左右两端，各设有一块可移动的挡板。

五辊涂布单元胶黏剂的涂布量，可通过调节胶料辊和计量辊间的间隙、调节计量辊与转移橡胶辊之间的速比以及调节转移橡胶辊与涂布钢辊之间的速比等参数来加以调节，因此有较佳的可调性。胶料辊和计量辊之间的间隙，可通过胶料辊的前后移动，得到精准的调节。计量辊、转移橡胶辊、涂布辊分别采用独立伺服驱动和线性独立调节，可以方便地完成转移橡胶辊与计量辊间的速比以及涂布辊与转移橡胶辊之间的速比的调节。为了使所要进行涂布的胶黏剂能在涂布辊上形成胶膜，必须给计量辊和转移橡胶辊以不同的线速度，它们与涂布辊的线速度也是不同的，计量辊和转移橡胶辊的线速度，均低于涂布辊的线速度（即主机线速度）。三者之间的一种合理的线速度之比是：

计量辊：转移橡胶辊：涂布辊＝0.1：0.25：1.0

当计量辊用 j 表示，计量辊的转速用表示 n_j 表示；转移橡胶辊用 z 表示，转移橡胶辊的转速用 n_z 表示；涂布辊用 t 表示，涂布辊的转速用 n_t 表示时，若计量辊、转移辊、涂布辊的直径相等，则工艺要求的三辊之间的转速比为：

$$n_j : n_z : n_t = 0.1 : 0.25 : 1.0$$

胶料辊与计量辊间存在一个间隙，在间隙上方加入无溶剂胶黏剂、计量辊转动时，将带走与该间隙大小相对应的一定量的胶黏剂，因此胶料辊与计量辊间的间隙，会直接影响到涂布的厚度，该间隙值通常控制在 7～12 丝的范围之内。

涂布装置的涂布精度，受零部件精度和传动精度的影响。为此，李纯对辊、轴承等的精度和机架的精度以及各辊传动精度、位置精度的控制，提出了一些具体的建议，有一定的参考价值（不过生产企业的实践表明，他所提出的部分要求有过高之嫌，比如李纯提出辊面跳动误差必须控制在 0.0005mm 之内，实际上控制在 0.005mm 足矣），指出转移辊的装轴承处轴颈精度也应达到相应的要求。橡胶转移辊需采用耐磨、耐溶剂腐蚀的橡胶包覆，橡胶要性能稳定，所包橡胶层厚度应在 20mm 左右。各辊的轴承必须采用 E 级或 D 级滚动轴承，以保证辊的工作精度和运转平稳性。机架用铸铁或铸钢制造，轴承座内孔必须精磨，孔的公差必须与所采用的高精度轴承相匹配。关于各辊传动精度、位置精度的控制，建议将计量辊（辊径 ϕ210mm）和转移辊（辊径 ϕ210mm）设计成由一套直流电机控制，涂布辊（辊径 ϕ210mm）由另一套直流电机控制，涂布辊线速度即为主机速度。计量辊和转移辊由同一电机通过各自的减速器分别带动，为了降低工艺操作的复杂程度，通过工艺试验选取一个较佳的固定速比，这样在计量辊和转移辊的线速度比例一定的条件下，涂布量的大小就由计量辊和涂布辊的速比决定，它和计量辊、涂布辊间的速比成正比，计量辊和涂布辊的速比增大，涂布量增加，反之则涂布量减少。由于三根辊筒的直径相同，所以它们的转速比即为线速度之比。这样，通过对两套电机的单独调速，就能获得计量辊和涂布辊间的不同的速比，从而得到不同的涂布量。为了保证各辊传动精度和涂布质量，选用的直流电机，直流电机控制器，减速器均应为市场上声誉较高的产品。

无溶剂复合机，涂胶装置的胶料辊、计量辊的间隙的调节，通常大都采用塞尺进行测量、人工手轮调节校准的方式来完成。人工调节需要丰富的经验和较高的技巧，且个性差异化较大，是一项难度较大的技术性工作。

2010 年，重庆鑫仕达推出了 MPC 精准间隙定位系统，利用微米级的高精度控制电子尺，替代传统的塞尺，通过电脑自动检测并反馈补偿降低误差，最终实现了利用电脑自动检测辊间距、自动调整辊间距的操作，替代人工检测辊间距与人工调整辊间距的操作，并将操作时间由十分钟缩短到半分钟。

不过对此有的朋友也提出了不同的见解，理由是：

① 无溶剂复合机的间隙并不参与涂胶量控制，它只提供足够的存胶区域。实际上，现在的计量间隙早已经是一个固定值了（黏度高的胶黏剂 0.10～0.12mm，而低黏度胶黏剂都采用 0.08～0.09mm）。

② 涂胶量主要由转速差调整，但与其他许多因素相关，如辊间压力、辊筒表面加工方式（镀铬还是镀陶瓷）、基材类型、印刷油墨特性、环境温度等。因此，机械参数调整只获得一个涂胶量的参考值，实际值尚需要验证。

胶料辊与计量辊间存在一个间隙，在间隙上方加入无溶剂胶黏剂、计量辊转动时，将带走与该间隙大小相对应的一定量的胶黏剂，因此胶料辊与计量辊间的间隙，会直接影响到涂布的厚度，该间隙值通常控制在 0.07～0.12mm 的范围之内。

除控制辊间的间隙、计量辊与橡胶转移辊之间的速比、橡胶转移辊和涂胶辊之间的速比等参数之外，多辊涂布装置还带有升温、控温系统，可以通过控制温度来调节胶黏剂的黏度，以保证涂布的正常进行。为了很好地控制温度，通常胶料辊、计量辊与涂胶辊等钢辊，均设计有螺旋线的流道，用于通水（或者油）控制辊筒的温度；水（或者油）经加热箱加热至设定温度后，经泵送至循环水（油）的通道中，然后流回加热箱。加热箱中设有温度传感器实时检测水（油）温，并经操作面板实时显示。通水（油）控温确保钢辊能在室温至85℃温度区间内的任何给定温度下工作，而且在保证调温精准的前提下，还要求体系有快的响应速度。

通常人们通过测、控泵入辊筒的水（或者油）的温度，来调节辊筒的表面温度，由于它不是直接测定辊筒的表面温度，应用水温（间接参数）来调节辊筒的表面温度可能产生较大的偏差，降低温控效果。为改善控温效果，左光申等提出了一种在线直接测量辊筒表面温度方法。该法的实施装置由两个子系统组成：采用一根或者两根横杆，将非接触式温度传感器安装在辊筒的表面的上方，在线检测温度，根据测得的温度信号通过控制器来调节电液比例阀的流量，控制介质温度，从而达到更好地控制辊筒温度的目的。该法具有构思巧妙、简单易行的特点，值得大家参考。

测温、控温装置的示意图如图 3-9 所示。

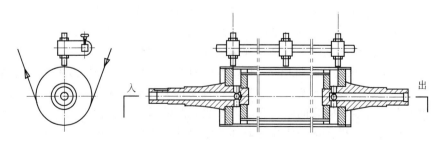

图 3-9　辊筒表面测温、控温装置示意图

当前五辊涂布单元的常用参数举例如下：

胶料辊与计量辊之间的间隙为 0.08~0.12mm；

计量辊、转移橡胶辊、涂布辊之间的速度比为 0.1：0.25：1.0。

涂胶量为 0.8~3.0g/m²，涂胶精度±0.1g/m²。

2. 复合单元

无溶剂复合机的复合单元和干法复合设备的复合单元相似，原则上直压式装置和背压式装置均可使用。直压式复合单元，由可通热水加热控温的钢质复合辊和橡胶衬辊（压辊）组成，结构比较简单，但压辊依靠气缸通过轴承座施压，受力均匀性不够理想。

背压式复合装置是在直压式结构的基础上增加一背压钢辊，背压钢棍压在橡胶衬辊上。由于气缸给背压钢辊压合力，背压钢辊再将压力传递给橡胶衬辊，压力均匀性较好，背压式复合装置对于复合时需要复合压力大的材料以及宽幅材料的复合更为有利，因此目前无溶剂复合机的复合单元，比较趋向于使用背压式复合结构。

背压式复合结构中，根据辊筒排布形式的不同，又有水平式背压复合单元（背压辊、复合衬辊和复合辊三辊的中心线处于水平位置）和垂直式背压复合单元（背压辊、复合压辊和复合辊的中心线处于垂直位置）两种结构，见图 3-10、图 3-11。

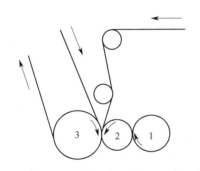

图 3-10　水平式背压复合单元示意图

1—背压辊；2—复合压辊；3—复合辊

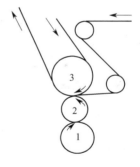

图 3-11　垂直式背压式复合单元示意图

1—背压辊；2—复合压辊；3—复合辊

垂直式复合单元存在如下两个问题：即复合压辊的重量是气缸的负载，实际复合压力不能真实设定；同时气源的波动可能会引起复合压辊的上下振动，导致复合压力的波动；而水平式复合单元的复合压辊由导轨支撑，复合压力可真实设定和读取，更为有利的是气源波动不会引起水平式复合单元的振动，有利于复合过程的稳定性，所以无溶剂复合机在使用背压复合单元时，大多采用水平式背压复合单元。

3. 收卷、放卷单元

与干法复合不同，无溶剂复合在整个复合过程中，复合基材不经过烘道处理，处于"恒温复合状态"，因此在张力的设定上，与干法复合有所不同。一般张力设定应当在涂布卷材产生变形值的 25％ 以内，实际控制在 ±10％ 以内，易拉伸的材料如 PE、CPP 等的张力应较小，拉伸程度中等的 OPP 张力应该适中，而不容易拉伸的 PET、尼龙、铝箔等材料则需要较高的张力。同样条件下，厚度越大则张力越大，不过厚度差导致的张力变化，要比不同材料间的张力变化要小得多；预复合好的材料，则张力需要增加 20％～50％。在无溶剂复合张力匹配中需要注意的是，由于无溶剂复合与干法复合不同，其主放卷材料不经过设有加热烘道，所以主放卷的张力要相应地降低一些（或者适当增加副放卷的张力）；另外，如果副放卷进行了电晕处理，因电火花产生的热量可能使薄膜有所延伸，副放卷的张力应降低一些（或者适当增加涂布张力）。无溶剂复合设备的收放卷单元，应适应上述种种需求。

最简单的无溶剂复合机，有和两基材相对应的两个放卷单元。和涂胶基膜相对应的放卷单元，通常人们称为第一放卷单元，不涂胶直接进入复合装置复合的基材的放卷单元，称为第二放卷单元。由于无溶剂复合的胶黏剂的初粘力低，无溶剂复合设备的收、放卷的张力控制的精密性较之干法复合设备显得更加重要。

薄膜常见收卷、放卷单元的类型及特点见表 3-1、表 3-2。

表 3-1　收卷单元的类型及特点

序号	形　　式	特　　点
1	力矩电机＋卷径检测传感器	①线性度不好，稳定性差； ②开环控制，精度较低； ③设备简单，成本较低
2	磁粉离合器＋卷径检测传感器	①开环控制，精度不佳； ②卷径变化不能太大，线性度不好； ③运行中发热量大，需冷却装置，而且磁粉需要经常更换
3	磁粉离合器＋张力检测传感器	同上，但其为闭环控制，控制精度比序号 1 高，但增加张力传感器，成本提高
4	交流变频电机＋卷径检测传感器	开环控制，张力控制平稳，成本较高
5	交流变频电机＋张力检测传感器	闭环控制
6	伺服电机＋卷径检测传感器	开环控制
7	伺服电机＋张力检测传感器	①动态响应快，精度高，稳定性好； ②控制较复杂，成本较高； ③不适用于大张力控制场合

表 3-2　放卷单元的类型及特点

序号	形　式	特　点
1	磁粉制动器＋卷径检测传感器	① 开环控制； ② 要求基材卷径的变化范围不能太大,而且在大负荷或高速时其控制精度和线性度均不佳； ③ 运行中发热量大,需冷却装置,而且磁粉需要经常更换
2	磁粉制动器＋张力检测传感器	同上,但其为闭环控制,控制精度比序号 1 高,但替换为张力传感器,成本有所提高
3	交流变频电机＋卷径检测传感器	开环控制,张力控制平稳,成本较高
4	交流变频电机＋张力检测传感器	闭环控制
5	伺服电机＋卷径检测传感器	开环控制
6	伺服电机＋张力检测传感器	①响应快,精度高,稳定性好； ②控制较复杂,成本较高； ③不适用于大张力控制场合

现在有的制造商（例如广州通泽机械有限公司）采用轴承式张力传感器代替传统的浮动辊式张力传感器,轴承式张力传感器具有响应速度快、精度高及位移量小等特点,用轴承式张力传感器可实时检测张力,实现张力反馈,达到张力的闭环控制的要求,因此适合用于高精度的张力控制系统；另外,还采用永磁式交流同步伺服电机代替直流电机,并且进行独立伺服控制,提高控制精度；此外还将实时变化的卷径参数输入到 PID 控制当中,采用自适应 PID 控制的思维,以变参数的控制模式来控制变参数的系统。

在收卷段,随着卷径的逐渐变化,各张力和速度也相应发生改变,如果始终保持一种张力进行收卷,则可能会导致褶皱、断料等不良现象的发生,为了使收卷张力达到内紧外松的状态,避免产生褶皱,就需要对张力进行锥度张力控制,即随着卷径的变化改变收卷张力。

例如通泽的 SSL 无溶剂复合机,就采用了三段独立锥度控制以改善收卷效果。

4. 在线加湿系统

单组分聚氨酯无溶剂胶黏剂,分子中含有异氰酸酯基团（—NCO）,无溶剂复合过程中,依靠胶黏剂的异氰酸酯基团与水发生反应而固化（熟化）,同时放出 CO_2。单组分聚氨酯无溶剂胶黏剂中,异氰酸酯基团的含量一般在 $3\%\sim6\%$ 的范围之内,涂布量为 $1g/m^2$ 时,每平方米完全固化所需要的水量为 $6.5\sim13mg$,单靠空气中和塑料薄膜表面上附着的水分是不足以使胶黏剂完全固化的,必须从外界给以补充水分,即加湿处理。

目前常用的加湿器的类型有热水蒸发加湿、浸没加湿、红外加湿、电极式加湿、超声波加湿等。热水蒸发加湿的方法是使空气流经有热水流淌的垫圈时被蒸发（水的温度越高蒸发加湿效果越好），这种加湿方法的效果好且价格低廉，但精度、清洁度和响应速度较差；浸没加湿器通过在水箱内电加热器把水煮沸而产生蒸汽，通过分配器被空气吸收，加湿效果也可以较好地控制，但分配器的结构比较复杂；红外加湿器在不锈钢加湿底盘上，利用高亮度石英红外灯管，使得水分子蒸发，并随流经水面的空气以纯净蒸汽形式加湿，这种方法可实现极其精密和快速的加湿；电极式加湿器采用插在加湿罐内的电极，通过水导电，加热水至沸腾，在标准大气压、100℃的条件下通过蒸汽分配器释放纯净蒸汽，电极式加湿器比红外加湿具有更大的应用灵活性，因为加湿罐无须安装在气流内，但是，发出加湿指令时需要加热水至沸腾，对湿度变化的反应速率较慢；超声波加湿，采用了压电转换器，将高频电子信号转换为高频机械振荡，进而在低温和低压下将水转换为蒸汽，它要求采用不含矿物质的水，设备及其使用维护成本均较高，但具有能效高的优势。

二、无溶剂复合机的几大品类

1. 单放单收型简易设备

单放单收型无溶剂复合机是无溶剂复合中的简易型设备，它的基本结构包括一个涂布单元、与两种与基材相对应的两个放卷单元（每个基材一个放卷单元）、一个复合单元和一个收卷单元。

有时为适应单组分无溶剂胶黏剂复合的需要，增设一个增湿系统；或考虑对复合基材进行在线表面处理的需要，增设设置一套电晕处理装置。

单放单收型无溶剂复合设备，可满足生产各种无溶剂复合产品的需要，具有设备简单、成本低廉、一次性投资少、保养维护容易、使用操作方便等优点，但复合时换卷（在一种复合基材用完时或者收卷的复合薄膜满卷时）需要停机后进行人工操作，设备不能不间断地连续生产，设备利用率低且耗用劳动力较多、劳动强度较大等缺点，不适宜应用于大批量产品的生产，虽然目前软包装行业里，面前无溶剂复合设备中，单放单收型简易设备占多数，但笔者认为，对于大规模工业化生产，单放单收型简易设备并不是一种理想的机型。

2. 双放双收型的标准型设备

双放双收型无溶剂复合设备是为了提高设备利用率，在单放单收型简易无溶剂设备的基础上发展起来的一种无溶剂复合设备，为了和简易型单放单收的无溶剂复合机相区别，我们不妨称为标准型自动无溶剂复合机。

双放双收型无溶剂复合设备的基本部件包括两组（四个）放卷单元、一个涂布单元、一个复合单元和一组（两个）收卷单元。为适应单组分无溶剂胶黏剂复合的需要，也需要增设一个增湿系统；在考虑对复合基膜进行在线表面处理时，还需要设置一套电晕处理装置。

双放双收型无溶剂复合设备的示意图见图 3-12。

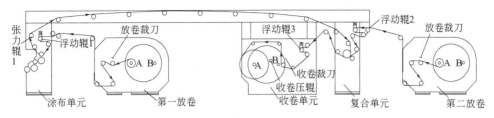

图 3-12 双放双收型无溶剂复合设备的示意图

如图 3-12 所示，双放双收型无溶剂复合设备主要分为 5 大部分：第一放卷，涂布单元，第二放卷，复合单元及收卷单元。在涂布和复合部分各有一个电控柜来控制操作机器，涂布单元有一个混胶机供胶。其中第一放卷、第二放卷上设置有纠偏控制单元以及放卷切刀装置，自动接料装置，涂布单元为涂布单元为计量辊、转移钢辊、转移胶辊、涂布钢辊以及涂布压辊组成的五辊涂布系统。收卷单元设置有收卷裁刀及收卷压辊装置。

其特征在于放卷和收卷单元均有 A、B 两个工位，A 轴基材直径达到设定值时，设备报警，此时将 B 轴装上新料卷（或者纸芯）。A 轴旋转至接料（或裁切位置），B 轴旋转至接料（或者卸料位置），通过自动接料（或裁切），实现不停机接换料。

双放双收型无溶剂复合机的走料路径如图 3-12 所示：第一放卷基材经浮动辊后进入涂布单元，涂布上胶后通过张力辊 1 进入复合单元。第二放卷基材通过浮动辊 2，进入复合单元与第一放卷基材复合。两基材复合完成后，经过摆辊完成收卷。

双放双收型无溶剂复合设备，与单放单收的简易型无溶剂复合设备相比，虽然设备的一次性投资较大，设备的保养维修工作量也要大一些，但与单放单收型简易无溶剂设备相比，它具有自动化程度高、节约劳动力的明显优势，设备利用率高，可连续不间断地进行生产，单机产量有望较单放单收型简易无溶剂设备提高 50% 以上。因此笔者认为，双放双收型无溶剂复合设备是一种值得关注、大力倡导的机型。

3. 串联式扩展型复合设备

串联式无溶剂复合设备，可以看成是两台标准型无溶剂复合机的联动式复合机，它一次可以完成三种基材的复合（相当于普通无溶剂复合机的两次作业），生产效率高且节约人力效果明显，特别适用于需要两步及多步复合的单一化产品的大规模生产；此外，由于这种设备是两段复合机的组合，它较之两台无溶剂复合机，少了两组收、放卷装置（一组放卷和一组收卷装置），较之两台设备造价可望有所下降，此外应用该生产线，它第一次复合的中间产品，不需要经过熟化即进入第二阶段的复合，减少了一个熟化工序，可缩短生产周期并减少能耗，对于降低生产成本也是有利的。但也必须看到由于无溶剂胶黏剂的初粘力低，对设备的控制特别是张力控制的要求很高，对操作人员的技术水平的要求也很高，两套复合设备串联使用，一旦一个环节出现问题，将导致整个生产线的停机，带来巨大的经济损失。因此除生产管理、技术水平较高、产品批量较大且需两步复合者之外，一般复合软包装企业，对于购置这种设备应持慎重态度，不可盲目追风。

4. 可用于干式复合及涂布的多功能无溶剂复合机

该机和普通的无溶剂复合机不同，该机设置有烘道装置，可以满足干法复合及涂布加工中挥发溶剂的需要；多功能无溶剂复合机备有有两套涂布装置，分别为移动式无溶剂复合小车（配备辊涂型涂布装置）和可移动的干法复合小车（配备凹版涂布装置），可换位交替使用，因此多功能复合机，可以分别应用于薄膜的干法复合、涂布和无溶剂复合几种加工，机动性较强。不过我们必须注意到，这种看似十分完美的设备，由于几种功能的叠加，不仅使设备的结构变得十分复杂、建造成本明显上升，而且无论设备作何使用，运作过程中生产线都有许多功能处于闲置、浪费状态，例如进行无溶剂复合时，机组中的凹版涂布装置与烘道，处于闲置状态；在进行干法复合时，辊涂装置处于闲置状态。因此笔者认为，除同时生产干法复合胶黏剂、无溶剂复合胶黏剂及涂布液等的精细化工产品的企业，需要经常对各种胶黏剂、涂布剂进行评估者之外，一般复合软包装产品的生产企业，不宜购置这类多功能设备。

第三节　无溶剂胶黏剂的供胶、混合体系

无溶剂胶黏剂的供胶、混胶系统，业内亦称混胶机或打胶机，它并非无溶剂复合生产线的必要部分，事实上有的公司曾采用手工称取无溶剂胶黏剂并应用人工混合的方式混料，然后加到涂胶单元进行复合生产的实例。但我们必须高度重视供胶、混胶系统对于无溶剂复合生产的重要性。真可谓：无溶剂复合的送胶混胶系统，非无溶剂复合机的必要装置，却胜是无溶剂复合机的必要装置！对于连续稳定的生产，自动供胶和混胶装置是必要的关键设备，是工艺实现的基本前提。

首先，手工配料存在诸多固有的弊端，例如胶黏剂的混合均匀性受到限制，胶黏剂混合不均，必然影响胶黏剂的潜力的充分发挥，复合产品的质量受到相应的影响，难以得到质量上佳的产品。

在采用优质的供胶、混胶系统之后，不仅可以大大降低劳动强度，实现无溶剂复合全程的自动化生产，而且对于稳定、提高产品质量，也具有积极的意义；与此同时，共混胶系统也是无溶剂复合生产线中，最容易出现事故的装置，一旦

共混胶系统质量不佳或生产过程中供胶、混胶系统使用不当，则可能对生产带来巨大的麻烦，甚至导致生产线的无法正常运行，因此我们在讨论无溶剂设备的时候，应当对无溶剂胶黏剂的供胶、混胶系统，给以足够的关注。

典型的无溶剂胶黏剂的供混胶系统，是双组分胶的自动供胶、混胶机。它由加热保温装置、胶黏剂的输送装置、胶黏剂的混合装置、往复上胶装置、大桶供胶装置、液位检测和电气控制系统等部分组成。

其中胶黏剂的输送装置（计量泵）和胶黏剂的混合装置（静态混合器），是供胶、混胶系统的核心部件，控制系统则被认为是无溶剂胶黏剂的供胶、混合机的灵魂。

一、加热系统

无溶剂胶黏剂的供胶、混合机的加热部分，是无溶剂胶黏剂的供胶、混合机的重要的辅助设施，在供、混胶过程中，将无溶剂胶黏剂的温度加热到适于涂布胶黏剂的温度范围之内。对于需要高温涂布的无溶剂胶黏剂具有不可或缺的作用，当使用高温涂布型无溶剂胶黏剂进行复合时（单组分无溶剂胶黏剂需 80℃以上，高温复合的双组分无溶剂胶黏剂也可能高达 60～80℃），各加热装置分别置于无溶剂胶黏剂的供胶、混合机的相关部位，确保无溶剂胶黏剂的供胶、混合机运行过程中，胶黏剂的温度处于设定的温度范围之内。

二、齿轮泵

无溶剂胶黏剂的供胶、混合机的输送泵，原则上既可用柱塞式计量泵也可用齿轮泵型计量泵。从输送物料的计量稳定性及调控、维护方便考虑，无溶剂胶黏剂的供胶、混合机的输送泵，通常使用齿轮泵，配之以伺服电机，兼有输送和计量胶黏剂的功能。

两套齿轮泵的电机及其电气控制系统相连接，保证输出的无溶剂胶黏剂的A、B 组分的比例与所设定的配比相同；齿轮泵出口通过有加热保温圈的输胶管与静态混合器的两个气动执行器相连。

三、静态混合器

无溶剂胶黏剂的供胶、混合体系中，目前最受人们青睐的混合是注射塑料型静态混合器。

静态混合器的核心部件为一个筒状外壳和一个螺旋状的芯子。静态混合器和塑料加工领域中经常使用的、用于塑料塑化与混炼的挤出机十分相似，但使用状态则完全不同：挤出机对塑料熔体的混炼作用，依靠于工作时螺杆的旋转。通过螺杆的旋转、推动物料向前并作旋转运动，达到混合的目的；而静态混合器工作时，外壳和芯子均静止不动，两个待混合的胶黏剂组分，在外力的推动下进入静态混合器，两种胶黏剂在向前运动的过程中，受芯子螺旋线切割、引导，产生极不规则的旋转运动，达到理想的混合效果。正因为静态混合器在工作时，外壳和芯子都处于相对静止的状态中，故称为静态混合器。静态混合器是一种新型、高效、节能型设备，由于它没有运动部件、密封性能好，此外还有成本低、节约能量和操作方便等优点，特别适用于两股流体的混合。

静态混合器的混合机理大致可归纳为如下几个方面：

静态的单元不断地给流过的胶黏剂以切割、分散作用。被切割分散的流体随后又汇合并得到混合；静态单元能使胶黏剂自身产生旋转，通过旋转方向的改变使流体混合；静态单元通过流道的位置或截面积发生变化，使流过的胶黏剂产生自身搅拌作用。

影响静态混合器的液-液混合效果的因素是多方面的，但是主要影响因素有流经静态混合器的流体黏度、互不相溶流体的相界面的表面张力、混合液的表观速度、混合液的组分体积分数、单元的直径、混合器长度、混合组分的温度等7种。

一般认为，双组分无溶剂复合机的混合器可选择SK型静态混合器即单螺旋形静态混合器。

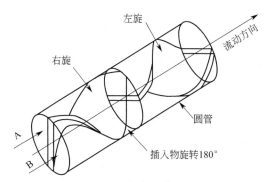

图 3-13　SK 型静态混合器结构图

SK 型静态混合器，其结构见图 3-13。其混合单元是扭转的 $180°$ 的叶片，相邻混合单元呈 $90°$ 交叉安装，并分别为左旋和右旋。SK 型混合单元对于流经混合单元的胶黏剂有切割作用，螺旋形通道强迫胶黏剂进行旋转，时而左旋，时而右旋，使胶黏剂达到良好的混合。胶黏剂流经 SK 型混合单元时所发生的左旋—右旋—左旋运动，类似往复摆动桨作用下的流体运动，这种不断改变方向的自身搅拌，比单一方向旋转的搅拌效果更为理想。高黏度胶黏剂通过静态混合器时，混合单元对胶黏剂的分割和相对位移作用使其各自分散，不同胶黏剂一层一层相互间隔，通过的混合单元数越多，胶黏剂被分割成的层数越多，可以用胶黏剂被分割成的层数，表示静态混合器的分散和混合性能。

分割成的层数如下式所示：

$$N = K \times 2^n$$

式中，N 为胶黏剂被分成的层数；K 为同时进入静态混合器中的胶黏剂种类数，这里 $K=2$；n 为静态混合器内混合单元的个数。

所以一般情况下，静态混合器中引入的混合单元数量越多越好。但是考虑到静态混合器在涂布单元中所起的作用的需要以及经济性，陈石峰指出，采用了 3 个 SK 型静态混合器，每个静态混合器中含有 8 个混合单元，则胶黏剂被分成的层数为 512 层！胶黏剂在 8 个混合单元的 SK 型静态混合器中流动混合的状态见表 3-3。

表 3-3　胶黏剂在 8 个混合单元的 SK 型静态混合器中流动混合的状态

混合单元个数	1	2	3	4	5	6	7	8
流动混合状态								
条纹数	4	8	16	32	64	128	256	512

以前的静态混合器用钢材制备，有牢固、寿命长的优势，但每次停机之后，必须将芯子拆卸出来，彻底清洁干净，否则会影响生产的顺利进行。该静态混合器拆卸、清洗的工作量很大，因此目前工业生产中，无溶剂复合的供、混胶系统所使用的静态混合器，由筒状的塑料注射件的外壳及螺旋芯子组成，筒状塑料注射件设有螺钉或卡口，用于与输送胶黏剂的胶管连接，防止胶黏剂的从接头处溢出。由于供、混胶系统所使用的静态混合器由塑料注塑件构成，生产极为方便且价格十分低廉，每个塑料静态混合器的成本仅几角人民币，通常作为一次性易耗品使用，每次开机时，使用新的静态混合器，以确保每次开机时所用的胶黏剂，不致受上次关机时残留在混合器中的胶黏剂的影响。

四、无溶剂胶黏剂的供胶、混胶系统的其他装置

除加热系统、齿轮泵和静态混合器等几个重要装置之外，无溶剂胶黏剂的供胶、混合体系还包括储胶机构、往复上胶机构、大桶供胶机构和相应的电气控制系统等装置。

储胶装置：储胶装置包括 A 储胶桶和 B 储胶桶，双储胶桶均带有密封结构，其桶盖上有一个控制干燥气体进入的进气口。该口可连接干燥器控制以便干燥气体进入桶内，也可以直接安装一个过滤器过滤空气中的其他物质；储胶桶的桶盖上安装用于检测储胶桶内液位高低的液面检测传感器，桶体上都有一个与大桶加胶装置连接的入口，胶水可以从大桶供胶装置通过安装有加热保温圈的进胶管分别进入 A 储胶桶和 B 储胶桶内；双储胶桶底部各有一与输胶机构的齿轮泵连接的出胶口；桶底与加热保温机构中的储胶桶加热圈接触，用以将储胶桶内的胶水加热至所需的温度。

往复上胶装置：往复上胶机构与混合头连接，置于无溶剂复合机涂布单元的胶料辊和计量辊之上方，可以沿着辊筒的轴向方向自动前后往复移动，也可随意停留在其移动行程的某一位置。往复上胶装置的设置，使无溶剂胶黏剂在胶料辊

和计量辊之间的槽间，保持相对水平的状态而有助于涂布层层厚的均匀性。

液位检测装置：置于混合管出口处，感知胶料辊和计量辊之间的胶黏剂的液面高度，当液面超过设定值时，自动报警或者通过控制系统，指令供料泵的工作状态，降低或加快供胶速度。

无溶剂胶黏剂的供胶、混合系统控制示意图见图3-14。

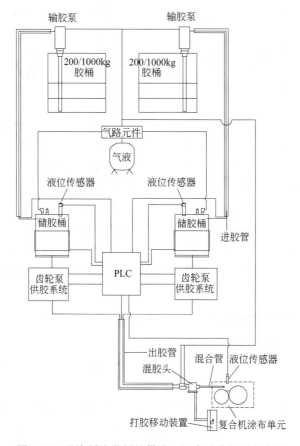

图3-14　无溶剂胶黏剂的供胶、混合系统控制示意图

第四节　熟　化　室

一、传统的电热及蒸汽加热熟化室

常规的无溶剂复合熟化室，有电热加热熟化室与蒸汽加热熟化室两种。

无溶剂复合熟化室和传统的干法复合的熟化室基本相同，只是通常无溶剂复合熟化温度的使用温度，略低于干法复合的熟化温的温度（无溶剂熟化温度随无溶剂胶黏剂的不同而异，一般在35~45℃之间，而干法复合的常用熟化温度，一般在45~55℃之间）。

二、太阳能加热熟化室

传统的软包装复合材料的熟化室的加热系统中，通常人们都使用电加热为热源，电加热有清洁、易控制等优点，但传统的电加热熟化室，能耗大、转换率低，一般来说，平均每平方米就需要1kW左右的功率，因此，寻找替代能源，降低熟化室的能耗，已成为塑料软包装领域的不断追求目标之一。使用蒸汽加热，在本身具有锅炉或者蒸汽集中供热的企业，是较之电热加热的一个更好的选项，然而不仅用汽亦意味着耗用煤或者消耗天然气等不可再生资源，而且对于本身没有锅炉及非集中供汽的企业来讲，改电加热为蒸汽加热，只能是一种不现实的奢望。利用太阳能于熟化室加热，兼具节能、环保和降低生产成本的诸多优点，因而在太阳能熟化系统开发成功之后，引起了业界的高度关注。

1. 太阳能熟化室系统的特点

太阳能熟化室，是南京兆凯公司首创的高效节能项目。它应用太阳能加热和纳米加热两个系统相配合，随天气变化而交替运行，能确保熟化室内的产品在昼夜24h的任何时刻，恒温在给定的温度范围之内（比如35~45℃），全年可节约电能60%以上。

太阳能熟化室系统利用太阳能光将水加热，然后通过管道自动控制系统将热水输送到熟化室后，再通过散热器将热量散发出来，供产品进行熟化之用。

太阳能熟化室工作原理如图3-15所示。

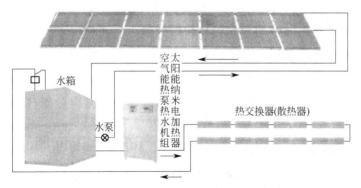

图3-15　太阳能熟化室工作原理

夜晚或者阴雨天水箱温度不足以使熟化室的温度升高、保持到给定值时，太阳能熟化室系统会启动并自动控制纳米加热器，对熟化室进行加热。

纳米加热器采用国际先进的纳米高效节能加热技术，与普通的电加热相比，纳米加热器具有加热速度更快，节能效果更加显著，安全性能更高的优势。

2. 太阳能熟化室系统的应用

在阳光充足的时候，太阳光可将水的温度加热到 90℃，然后再通过管道输送到熟化室，这时可以使熟化室的温度达到 70℃，但是我们软包装熟化室所需要的最高温度只需要 50℃ 左右（或更低，根据胶黏剂的不同而异），这时就需要通过温度感应控制系统，按照设定的温度自动控制，控制输送热水的热泵开关，来控制温度。

当水温达不到所设定的温度时，系统自动转换成纳米加热器加热，将熟化室的温度加热到企业所设定的温度，完成对产品的的固化，整个过程在自动控制下进行，无需人工操作。

阳光充足时，太阳能熟化室系统可以整天不用电能，仅仅依靠太阳能，就能够达熟化室恒定温度的要求；太阳能熟化室系统可以通过对纳米加热器工作时间的设定，在夜晚利用"低谷电"，通过纳米加热器对水箱的水进行加热，以降低成本。

太阳能熟化室，室内温度均匀性好、产品受热均匀，熟化效果更好，也是一个突出的优点。此外太阳能熟化室具有寿命长（可达 12～15 年）、维护方便、环保安全等综合优势，值得业内同仁关注。

干式纳米加热器的外形如图 3-16 所示。

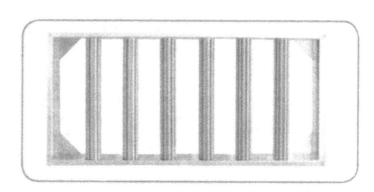

图 3-16　干式纳米加热器的外形

纳米加热器与普通电加热器的对比见表 3-4。

表 3-4　纳米加热器与普通电加热器的对比

项　　目	纳米加热器	普通电加热器	提高值
热效率	95.31%	72.20%	约 23%
散热面积	大	小	12 倍
使用寿命	长，无氧化	短，有氧化	20 倍
安全性	400～500℃	1200～1400℃	安全可靠

3. 太阳能熟化室应用案例

目前大连吉润塑料彩印集团、大连中远塑料彩印厂、大连鑫永塑料彩印厂、大连金州金乐塑料厂、大连中源塑料制品有限公司、南京索特包装制品有限公司、云南海明彩印复合包装材料有限公司等包装企业熟化室，都采用了太阳能熟化室。

南京索特包装制品有限公司自 2011 年 7 月份安装了南京兆凯公司提供的 25m² 太阳能熟化室，使用太阳能熟化室前、后的成本分析对比如表 3-5。

表 3-5　使用太阳能熟化室前、后熟化室耗电及运作成本情况

使用情况	固化房（25m²）	
使用前	合计：168.80 元	
	20kW×8h×1.12 元/(kW·h)×50％＝89.6 元； 20kW×8h×0.78 元/(kW·h)×50％＝62.4 元； 20kW×8h×0.21 元/(kW·h)×50％＝16.8 元	
使用后	合计：10.37 元（有阳光）	合计：36.50 元（无阳光）
	5.4kW×4h×0.78 元/kW·h×40％＝6.74 元； 5.4kW×8h×0.21 元/(kW·h)×40％＝3.63 元	5.4kW×8h×1.12 元/(kW·h)×40％＝19.35 元； 5.4kW×8h×0.78 元/(kW·h)×40％＝13.5 元； 5.4kW×8h×0.21 元/(kW·h)×40％＝3.65 元
节约电费	158.43 元/天	132.30 元/天

从数据中可以看出，一个小小的 25m² 的熟化室，阳光充足的时候，每天可以节约电费 158.43 元，没有太阳的时候，每天也可以节约 132.30 元，一年下来仅电费就可以节约五六万元。

从索特一年多使用太阳能熟化室的经验来看，当熟化室使用太阳能熟化室的时候，企业最好尽量避开高峰用电时段，充分利用好低谷电的时段加热；在白天有太阳的时候，尽量使用太阳能，这样才能更好地展现太阳能熟化室的成本优势。

第五节　国内典型无溶剂复合设备示例

经过近年来通过塑料机械行业的努力，我国许多无溶剂复合机的生产企业，比如广州通泽机械设备公司，已形成无溶剂复合生产线的系列产品。这里将广州通泽机械设备公司的无溶剂复合生产线举例介绍如下。

一、无溶剂复合机

1. SLF-1000/1300/1500A 型无溶剂复合机

适用对象：各类软包装及其他类型复合企业。

适用范围：各种薄膜、镀铝膜、铝箔（有适用范围）等。

张力控制方式：浮辊、小位移传感器（变频电机控制）。

涂布单元控制：伺服电机。

计量辊恒定位机构，实现间隙一次性调整，长期固定，通泽专利机构。

配重式收卷压辊机构，可更精确更直观的设定和调整收卷压辊压力。

纠偏扫描头自动定位机构，可以自动快速准确的调整扫描头的位置。

可分离式复合背压辊结构（选配项），提高宽幅或厚基材复合的稳定性。

复合机管理信息系统（选配项），存储生产作业单信息和活件工艺参数。

主要技术参数：

最高机械速度：400m/min

最大料带宽度：1050mm、1300mm、1500mm

最大放卷直径：800mm

最大收卷直径：1000mm

芯管内径：3in（1in＝2.54cm）或6in

外形尺寸：6000mm(*L*)×3000mm/3300mm/3500mm(*W*)×2700mm(*H*)

2. SLF-1000B型无溶剂复合机

适用对象：中小型软包装及其他类型复合企业。

适用范围：各种薄膜、镀铝膜、铝箔（有适用范围）、阴阳膜复合等。

张力控制方式：浮辊、小位移传感器（变频电机控制）。

涂布单元控制：伺服电机。

选项：阴阳膜放卷架、铝箔放卷架。

主要技术参数：

最高机械速度：300m/min

最大料带宽度：1050mm

最大放卷直径：600mm

最大收卷直径：800mm

芯管内径：3in或6in

外形尺寸：4800mm(*L*)×3000mm(*W*)×2500mm(*H*)

3. SLF-1000/1300/1500C型无溶剂复合机

适用对象：各类软包装及其他类型复合企业。

适用范围：各种薄膜、镀铝膜等。

张力控制方式：浮辊、小位移传感器（变频电机控制）。

涂布单元控制：伺服电机。

主要技术参数：

最高机械速度：500m/min

最大料带宽度：1050mm、1300mm、1500mm

最大放卷直径：800mm

最大收卷直径：1000mm

芯管内径：3in 或 6in

外形尺寸：6000mm(L)×3000mm(W)×2700mm(H)

4. SLP-1000/1300A 型纸塑无溶剂复合机

适用对象：以纸塑类为主要复合产品的企业。

适用范围：各种薄纸、薄膜、镀铝膜复合等。

张力控制方式：浮辊、小位移传感器（变频电机控制）。

涂布单元控制：伺服电机。

主要技术参数：

最高机械速度：300m/min

最大料带宽度：1050mm、1300mm

最大放卷直径：1250mm

最大收卷直径：1250mm

芯管内径：3in 或 6in

外形尺寸：6000mm(L)×3000mm(W)×2700mm(H)

5. SLE-300 型无溶剂复合实验机

适用对象：无溶剂胶黏剂或油墨类企业。

适用范围：各种薄膜、镀铝膜、薄纸、铝箔复合等。

张力控制方式：浮辊、小位移传感器（变频电机控制）。

涂布单元控制：伺服电机。

主要技术参数：

最高机械速度：450m/min

最大料带宽度：300mm

最大放卷直径：400mm

最大收卷直径：500mm

芯管内径：3in 或 6in

外形尺寸：2595mm(L)×1500mm(W)×1874mm(H)

6. SLF-1000/1300/1500AT 型双工位无溶剂复合机

适用对象：大中型软包装企业。

适用范围：各种薄膜、镀铝膜复合等。

张力控制方式：分段式浮动辊、张力控制、全伺服控制。

涂布单元控制：伺服电机。

三种自动接料模式：可实现半自动全速不停机接料；全自动全速不停机接料；定速（降速）不停机接料。

全伺服控制、数字化控制：收放卷、涂布、复合等所有控制点均采用独立伺服驱动，因此实现了数字化张力控制、数字化涂布量控制。

操作方便：双触摸屏（主控面板和涂布控制面板上触摸屏）多局部控制面板；通道穿膜链条机构。

安全性能和卫生条件较大提升：涂布安全护罩；安全拉杆机构通道防尘罩。

主要技术参数：

最高机械速度：400/min

最大料带宽度：1050mm、1300mm、1500mm

最大放卷直径：800mm/1000mm

最大收卷直径：1000mm

芯管内径：3in 或 6in

外形尺寸：14000mm(L)×4000mm(W)×3500mm(H)

二、无溶剂复合胶黏剂供混胶系统

1. 双组分胶自动混胶系统

双组分胶自动混胶系统见图 3-17。

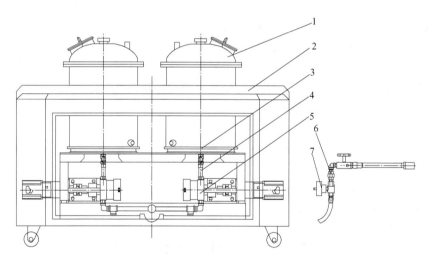

图 3-17 双组分胶自动混胶系统

1—储胶桶部件；2—外壳；3—加热单元；4—连接软管；
5—打胶驱动部件；6—混胶管部件；7—顺利同步阀

（1）主要特性

① 伺服电机驱动：采用伺服电机驱动，两种电机的转速比不论是在起动、均速、降速阶段，都可保证符合设定的比例，因而打胶泵的转速比也符合设定的比例，打出的两种胶量也符合设定的比例。用伺服电机还可以精确地进行程序中

各种逻辑关系及报警的设定。

② 采用机械同步阀控制出胶管的开启与关闭：采用通泽公司的专利产品——"顺利同步阀"来控制两种胶管的开启与关闭，保证了两种胶管中的胶水绝对同步流出或关闭。可有效防止某种胶水先流出，造成胶水局部混配不均。从而造成废品损失的严重后果发生。

③ 混胶机储胶桶盖有以下功能或特点：

储胶桶盖上有加胶孔，方便加胶且密封好，最大限度减少胶水与空气接触的机会，从而减小 A 胶储胶桶内自凝固胶量，延长储胶桶清洗周期。

储胶桶盖上有观察孔，可方便观察桶内胶水高度及凝固干胶的严重程度。

液位探测器设置于桶盖中央，有效避免凝固干胶对探测器的干扰。

软连接方式：独创的软连接方式，可使储胶桶内胶水直接流入打胶泵内且安装折卸方便。

（2）主要技术指标

① 混配比范围：（30：100）～（100：100）。

② 最大出胶量：3kg/m。

③ 最高工作温度：70℃。

④ 储胶桶容量：2×40L。

2. 立式大桶加胶系统

立式大桶加胶系统见图3-18。

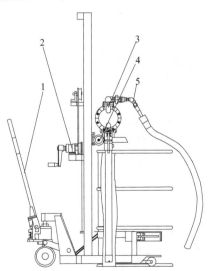

图 3-18　立式大桶加胶系统

1—胶桶搬运小车；2—手摇升降装置；3—抽胶装置；

4—横向移动装置；5—输胶管部件

（1）主要特性

① 具有 200kg 胶桶的液压式起升及搬运功能。

② 能用手摇式升降机构将抽胶单元（包括隔膜泵及抽胶管）自动放入或取出于 200kg 胶桶中，且手摇升降机构加置于胶桶搬运小车之上，使同一机械具有两种功能，方便现场操作。

③ A 胶抽胶管具有夹层加热功能，能从大胶桶内部加热黏度较高的胶水。

④ 独特设计的隔膜泵底板使隔膜泵便于固定在大胶桶盖之上。

⑤ 独特设计的隔膜泵阀座及特殊的阀球使隔膜泵对大黏度的胶水吸抽能力大大提高。

⑥ 横向移动装置，可方便地横向移动抽胶单元，便于对准大桶的出胶孔。

⑦ 能和混胶机联动，自动启动或关闭，保证混胶机储胶桶内液面处于最优化状态。

（2）技术指标

① 大桶胶水预加热时间小于半小时。

② 抽胶量达到 2kg/min。

③ 胶水容量：2×200kg。

3. 卧式大桶加胶系统

卧式大桶加胶系统见图 3-19。

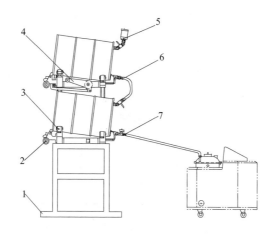

图 3-19　卧式大桶加胶系统

1—机架装置；2—定位装置；3—滚轮装置；4—清胶装置；

5—干燥装置；6—输胶管道Ⅰ；7—输胶管道Ⅱ

（1）主要特性

① 四个大桶分两层安装，占地面积小。使用中只需更换上层胶桶。

② 利用重力原理，实现大桶胶水向混胶机储胶桶及上层大桶向下层大桶自动注胶。

③ 手摇倾斜机构可使大桶加大倾斜量，使桶内剩余胶水量减少，从而减少浪费。

④ 能和混胶机联动，自动启动或关闭，保证混胶机储胶桶内液面处于最优化状态。

⑤ 大桶中的液位可通过透明管观察。

（2）技术指标

① 大桶胶水预加热时间小于半小时。

② 送胶量达到 2kg/min。

③ 胶水容量：4×200kg。

4. 双桶式单组分胶黏剂供胶机

双桶式单组分胶黏剂供胶机见图 3-20。

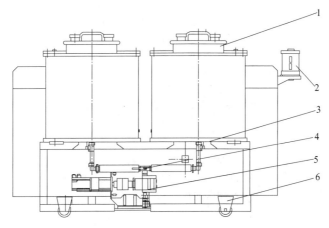

图 3-20　双桶式单组分胶黏剂供胶机

1—储胶桶部件；2—干燥杯；3—加热部件；

4—输胶转换部件；5—抽胶传动部件；6—外壳部件

（1）主要特性

① 单组分胶在两个储胶桶轮流加热及供胶，减少非工作时间。

② 共用一套抽胶单元及输胶管，方便操作。

③ 夹式层储胶桶可减少热量损失及防止高温金属烫伤人体。

④ 独特的三点测温及控制加热器方式，可迅速达到加热温度并防止过热现象。

（2）技术指标

① 胶桶容量：2×90L。

② 最高工作温度：100℃。

5. 压盘式供胶机

压盘式供胶机见图 3-21。

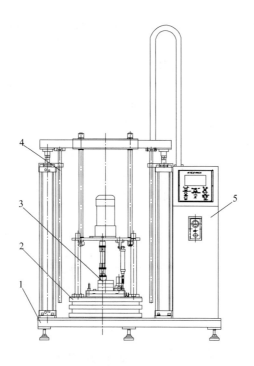

图 3-21　压盘式供胶机

1—机架部分；2—加热盘部分；3—驱动抽胶部件；
4—夹紧定位部件；5—电控部件

（1）主要特性

① 用原桶直接加热供胶，减少胶水倒运损失。

② 工作时加热盘只加热胶水表面层，边加热边抽出，热效率高，加热盘表面喷涂特氟龙，表面胶水硬固后方便清理。

③ 供胶工作时用多少加热多少，避免胶水反复加热、冷却造成胶水品质下降。

④ 采用变频电机驱动计量齿轮泵定量输出胶水，输出管路加热保温。

（2）主要技术指标

① 最大出胶量：3kg/min。

② 最高工作温度（盘温）：130℃。

③ 储胶桶容量：55gal（200kg）。

参考文献

[1] 陈昌杰主编. 塑料薄膜的印刷与复合. 第 3 版. 北京: 化学工业出版社, 2014.

[2] 范军红. 无溶剂市场发展现状和主要问题分析 // 2013 年无溶剂复合工艺特刊. 广东包装, 2013, 12: 1-5.

[3] 左光申. 国产无溶剂复合设备的发展现状和前景展望 // 中包联塑料包装委员会年会论文集. 天津, 2012.

[4] 左光申. 双工位无溶剂复合机的特点及应用前景 // 2013 年无溶剂复合工艺特刊. 广东包装, 2013, 12: 73-74.

[5] 陈昌杰. 塑料薄膜无溶剂复合法———种值得倡导的复合工艺. 国外塑料, 2002, (12): 17-21.

[6] 陈昌杰. 解读无溶剂复合. 塑料包装, 2008, (4): 2-31.

[7] 柯星昌. 无溶剂涂布复合机的设计与研究. 武汉: 华中科技大学, 2011.

[8] CN101441487 (申请号: 2008102186160) 一种在线直接测量辊筒表面温度的方法.

[9] 运城精工胶辊有限公司. 橡胶辊与无溶剂复合初探 // 2013 年无溶剂复合特刊. 广东包装, 2013, 12: 83.

[10] 李纯. 无溶剂涂布复合机涂布量及涂布辊精度分析. 北京印刷学院学报, 2007, (4): 46-49.

[11] 郑文彬. 扔掉塞尺计量才会更准确 // 2013 年无溶剂复合工艺特集. 广东包装, 2013, 12: 72.

[12] CN103394441A (申请号: 2013103266784) 辊间间隙调节系统及控制流程.

[13] CN102728520A (申请号: 2012101088769) 一种精密多辊涂布机构.

[14] 吕玲等. 国内外无溶剂复合设备的现状与发展趋势. 包装工程, 2010, (9): 87-93.

[15] 陈石峰等. 无溶剂复合机静态混合器的机理及性能研究. 包装工程, 2006, (5): 53-55.

[16] 张珪. 太阳能新技术在软包装熟化中的应用. 广东包装, 2012, 3: 16-17.

[17] 邱竟. 太阳能印刷复合烘干供热系统. 中国包装报, 2012-3-21.

附录 无溶剂复合设备的部分中国专利摘要

1. 一种在线直接测量辊筒表面温度的方法

申请（专利）号：2008102186160

申请日：20081024

分类号：G05D 23/19

申请（专利权）人：广州通泽机械有限公司   地址：广东省广州市花都区赤坭镇培正大道 18 号

发明（设计）人：左光申、黄光兴

摘要：本发明目的在于提供一种在线直接测量辊筒表面温度的方法，它由两个子系统组成。直接温度控制功能：一根或两个横杆，非接触式温度传感器安装在滚筒表面附近，在线检测温度，测量的温度信号通过控制器来调节电液比例阀流量，达到控制介质温度的目的。温度均匀性控制功能：对复合辊筒安装 2 个或 3 个，对涂布辊筒安装 2 个，两端各 1 个。该方法保证了生产的效率、质量、安全，且较以往设备操作方便，结构合理，外形美观。

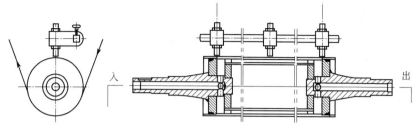

2. 一种无溶剂复合混胶机构

申请号：2008102186175

申请人：广州通泽机械有限公司

发明人：左光申

地址：510830 广东省广州市花都区赤坭镇培正大道 18 号

分类号：B01F15/00（2006.01）I

摘要：本发明目的在于提供一种安全性高、生产效率高、操作方便、成品质量好的新型无溶剂复合混胶机构，包括机架、螺旋式加热的双层桶装置、双组分胶的配比检测与控制装置、充气式除湿保压装置、快换式接头的充气式管道清洗系统；其螺旋式加热的双层桶装置桶壁为双层不锈钢板，采用桶底进水，中间螺旋加热和上部出水的加热方式；其双组分胶的配比检测与控制装置在线准确测量和实时调整双组分胶的流量和配比；其充气式除湿保压装置使桶外含水分较多的空气不能进入胶桶，减少胶与水分发生反应；其快换式接头的充气式管道清洗系统用空气和溶剂冲洗管道内的胶水后，再通过快速拆卸，分段进行清洗或更换，来实现胶水的完全清除，保证了生产的效率、质量、安全，且较以往设备操作方便，结构合理，外形美观。

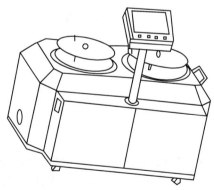

3. 双组分胶自动混胶机

申请号：201110112968X

申请人：广州通泽机械有限公司

发明人：左光申

地址：510830 广东省广州市花都区赤坭镇培正大道 18 号

分类号：B01F7/24（2006.01）Ⅰ；B01F3/08（2006.01）Ⅰ B01F15/06（2006.01）Ⅰ；B01F15/04（2006.01）Ⅰ；B01F15/02（2006.01）Ⅰ

摘要：本发明目的在于提供一种安全性能高、生产效率高、成品质量好的新型双组分胶自动混胶机，包括储胶机构、输胶机构、混胶机构、往复上胶机构、加热保温机构、大桶供胶机构、液位检测和电气控制系统；其储胶机构采用双储胶桶的密封结构；输胶机构采用两套电机与电气控制系统相连的结构，保证输出的胶水比例与所需的配比完全相同；其混胶机构采用气动执行器控制两种胶水同时进入混合管内，再经过双螺旋结构混合棒芯进行充分混合；其往复上胶机构采用自动前后往复移动装置；其加热保温机构采用多部位加热，实现胶水在输出过程中保持恒定的温度，使输出配比更准确；其大桶供胶机构通过电气控制系统实现分别往双储胶桶内注入胶水；其液位检测和电气控制系统实现对整机运行进行自动控制，该机能数字化控制配比，配比准确，并且能连续不断供胶，适应高速自动化生产；保证了生产地的效率、质量、安全，且较以往设备操作方便，结构合理，外形美观。

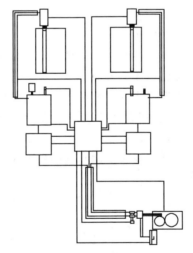

4. 一种精密多辊涂布机构

申请号：201210108876.9

B05C 11/10（2006.01）

B05C 1/08（2006.01）

申请人：广州通泽机械有限公司

地址：广东省广州市花都区赤坭镇培正大道 18 号

发明人：左光申 黄顺利

摘要：本发明目的在于提供一种精密多辊涂布机构，采用计量辊快速、准确定位；转移钢辊转动且轴向窜动；转移胶辊对转移钢辊及涂布钢辊的工作压力分别调节，克服了上述机构的弊病，定位方便，可重复性强；调节方式灵活，适用范围广；涂布均匀稳定。使用过程中提高了工作效率，改善了涂布工艺，降低了生产成本，可提高复合质量，减少废品率。

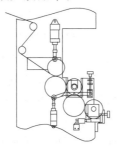

5. 一种小定量多滚涂布机构

申请号：2011101129800

申请人：广州通泽机械有限公司

发明人：左光申

地址：广东省广州市花都区赤坭镇培正大道 18 号

分类号：B05C1/12（2006.01）I

摘要：本发明目的在于提供一种在塑料薄膜或其他软性基材上进行小定量涂布多滚涂布机构，包括计量辊、第一转移钢辊、第一转移胶辊、第二转移钢辊、第二转移胶辊、涂布辊、涂布压辊、机座和传动机构组成；其通过螺杆机构调节横向移动；伺服电机独立控制各辊速度实现独立数字式设定和调节；传动机构和凸轮机构的驱动下轴向往复运动；各辊的压力可以通过气动机构独立调节；保证实现特小定量的均匀涂布，并可以实现涂布量的精确数字化控制，适合于诸多现代功能性材料的涂布需求。

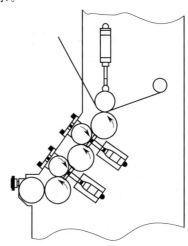

6. 一种可分离式复合机构

申请号：201310051243.3

B32B 37/10（2006.01）

申请人：广州通泽机械有限公司

地址：广东省广州市花都区赤坭镇培正大道 18 号

发明人：李军红 左光申

摘要：本发明目的在于提供一种新型的可分离式复合机构，它包括直压式和背压式两种结构，直压式压辊结构是气缸给压合胶辊一压合力，压合胶辊对处于复合钢辊与复合胶辊间的基材实施压合的方式，适用于压合力小及窄幅材料的复合；背压式压辊结构是在直压式结构的基础上增加一背压钢辊，背压钢棍压在压合胶辊上，适用于压力大及宽幅材料的复合；这两种结构可灵活互换使用，以满足不同材料对复合压辊方式的要求，在同一台设备中同时提供直压和背压功能，保证了生产的效率与质量，操作方便，结构合理，外型美观，安全性能高。

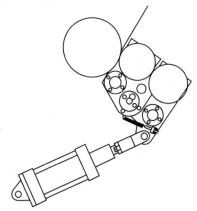

7. 一种大桶加胶机构

申请号：2013100512452

申请人：广州通泽机械有限公司

发明人：左光申，黄顺利；

地址：广东省广州市花都区赤坭镇培正大道 18 号

分类号：B01F15/02（2006.01）I

摘要：本发明的目的在于提供一种能够给无溶剂复合混胶机连续供胶的大桶加胶机构。避免使用人工在固定的时间内往混胶机内加胶，降低了劳动强度，提高了劳动效率，能满足用户每天 24 小时不停机生产的需求。

8. 一种复合机及复合方法

申请号 201310326676.5

B32B 37/06（2006.01）

申请人：重庆鑫仕达包装设备有限公司

地址：重庆市荣昌县工业园区灵方大道

发明人：李永才 李永文 罗平 罗朝建 李键 李明支

摘要：本发明涉及复合领域，目的是提供一种复合机及复合方法，所述复合机包括机顶、过渡导辊组、涂布组件、复合组件、水冷组件、预热辊组件、张力检测辊组、电气控制箱和分列在机顶两端的第一机座、第二机座，所述第一机座上设置有涂布机构和第一基材放卷组件，所述第二机座上设置有第二基材放卷组件和收卷组件，所述复合组件设置在第一机座上，所述预热辊组件包括分别对第一基材、第二基材预热的第一预热辊和第二预热辊，所述第一预热辊设置在第一基材放卷组件与涂布组件间传递第一基材的路径上。本技术方案通过对关键组件布置的调整，使复合产品的可靠性得到提高，生产效率得到提高，适用于现代软包装基材的复合需求。

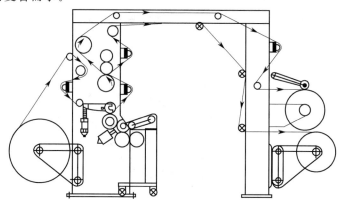

9. 一种自动配比管控系统

申请号：201310364083.8

G05D 11/02（2006.01）

申请人：重庆鑫仕达包装设备有限公司

地址：重庆市荣昌县工业园区灵方大道

发明人：李永才 李明友

摘要：本发明公开了一种自动配比管控系统，包括盛胶容器，其特征在于：该盛胶容器通过管道与计量泵连接，该计量泵通过管道与混胶阀连接，该混胶阀通过管道与静态混炼器连接；该系统还包括人机界面，该人机界面和控制单元通过信号连接、该控制单元与变频器通过信号连接、该变频器与电机通过信号连接，该电机与所述计量泵机械配合。一种自动配比管控系统的计算和调节方法，该方法包括电子秤称重步骤、A/B胶比例自动计算步骤和A/B胶比例自动调节步骤。本发明的有益效果在于：省时省力，一次完成参数设置，出错率为0，操控简单。

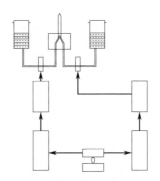

10. 无轴气顶式放卷机构

申请号：201310281268.2

B65H 16/00（2006.01）

申请人：重庆鑫仕达包装设备有限公司

地址：重庆市荣昌县工业园区灵方大道

发明人：李永才

摘要：本发明提供的无轴气顶式放卷机构，包括带有两根导向定位杆的机架装置、刹车装置及顶料装置，所述顶料装置滑动设置在导向定位杆上，所述刹车装置与顶料装置连接。本发明结构简单、合理，解决了传统放卷方式带来的材料浪费问题，延长了使用寿命，从而大大降低了成本，带来经济效益，适宜大面积推广应用。

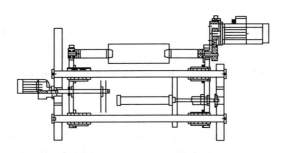

11. 一种胶黏剂温控加热设备

申请号：201310388727.7

H05B 6/06（2006.01）

申请人：重庆鑫仕达包装设备有限公司

地址：重庆市荣昌县工业园区灵方大道

发明人：李永才　罗朝建　李明友

摘要：本发明公开了一种胶黏剂温控加热设备，包括容器，该容器内壁设有测温器，该测温器与控制单元通过信号连接，该控制单元与加热器通过信号连接；该加热器包括发热盘和感应线圈，该感应线圈均匀缠绕在发热盘上。该发热盘为中心设有内孔的圆环结构，该容器的底板厚度为 3～5mm。本发明的有益效果在于：结构简单，加热速度快，散热速度快，避免热惯性现象出现。

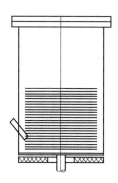

12. 多功能复合机

申请号：201310383773.8

B32B 38/16（2006.01）

申请人：重庆鑫仕达包装设备有限公司

地址：重庆市荣昌县工业园区灵方大道

发明人：李永才 李明友 郑文彬 罗平　罗朝建

摘要：本发明公开了一种多功能复合机，包括在机架下方从左至右依次布置的网涂机构、混胶机、涂布机构和复合机构，在机架上方设置烘干装置，混胶机与涂布机构连接并提供无溶剂胶水，涂布机构上安装第一放卷机，复合机构上安装第二放卷机和收卷机，第一放卷机与网涂机构之间设有若干滚辊，涂布机构与复合机构之间设有若干滚辊。本发明结构简单，设计合理，将干式复合机和无溶剂复合机的功能有机结合在一起，从而实现了该复合机同时具有干式复合功能和无溶剂复合功能。

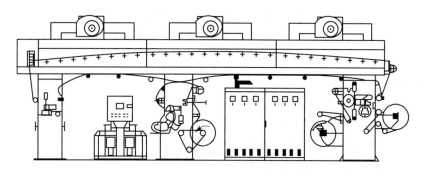

13. 辊间间隙调节系统及控制流程

申请号：201310326678.4

B05C 11/02（2006.01）

申请人：重庆鑫仕达包装设备有限公司

地址：重庆市荣昌县工业园区灵方大道

发明人：李永才 罗平 罗朝建

摘要：本发明涉及涂布复合机领域，目的是提供一种辊间间隙调节系统，该系统以气缸为控制转移辊在直线导轨移动的动力源之一，而直线步进电机作为转移辊在直线导轨移动的又一动力源，其通过丝杆、微距滑块对转移辊施加推力，两动力源共同作用，保证了转移辊在直线导轨上的可靠受控滑动。控制系统根据间隙设定值通过控制直线步进电机和气缸以控制转移辊的移动，间隙检测装置实时测得间隙值反馈至控制系统，确保其自动调整的准确性。而鉴于辊间间隙的精度要求，直线步进电机通过丝杆将回转运动转化为直线运动，微距滑块在安装座的楔形面上的滑动位移在直线导轨方向上的分量即为转移辊相对计量辊的移动位移，由此达到高精度的微间隙移动。

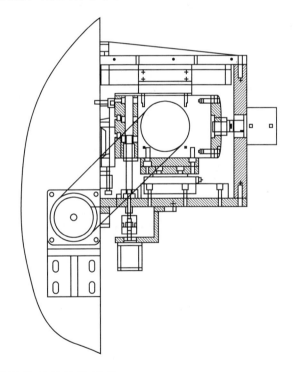

14. 一种剂量控制的输胶系统

申请号：201310388704.6

B05C 11/10（2006.01）

申请人：重庆鑫仕达包装设备有限公司

地址：重庆市荣昌县工业园区灵方大道

发明人：李永才 罗朝建 李明友

摘要：本发明公开了一种剂量控制的输胶系统，包括 A 胶和 B 胶的输胶通路，其特征在于：A、B 两胶输胶通路分别设置计量泵 A、B，A、B 两胶输胶通路汇合处设置混胶阀，计量泵 A 与混胶阀之间还设置压力检测装置。该压力传感器通过信号联接控制单元，该控制单元通过信号连接报警器。该控制单元为 PLC 控制器。该报警器为声光报警器。该混胶阀通过管路连接喷胶枪。本发明的有益效果在于：该输胶系统能实时监测 A 胶输胶管压力变化，进而判断堵塞点所处位置是在计量泵前端还是后端，并提供报警信号，提示操作人员进行故障处理。

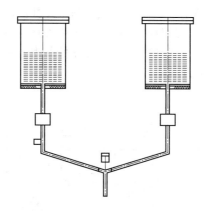

第四章

无溶剂胶黏剂

第一节 概 述

一、无溶剂胶黏剂发展简史

无溶剂复合胶黏剂，是为了适应环境保护及节约资源的理念的推动下，替代溶剂型胶黏剂的一个品种。它在 1975 年左右，应用于塑料软包装材料的复合，从而也催生了塑料薄膜的一个复合工艺——无溶剂复合。

近半个世纪以来，伴随着无溶剂复合的发展，无溶剂胶黏剂也得到了不断的发展，其发展史，大体上可分为三个阶段。第一代无溶剂单组分胶黏剂，胶黏剂只有一个组分，含有异氰酸酯端基，依靠湿（水蒸气）和异氰酸酯反应而固化，主要使用于纸/塑（或纸/铝箔）的复合，软包装复合用单组分无溶剂胶黏剂的开发应用，开启了无溶剂复合工艺产业化的先河；第二代为通用型双组分无溶剂胶黏剂，胶黏剂由主剂（分子含异氰酸酯基端基）和交联剂（分子含羟基端基）组成，使用时两组分按一定比例配用，依靠两组分间发生化学反应而固化，通用型双组分无溶剂胶黏剂使用面广，原则上可用于各种基材的复合，如塑/塑复合、铝/塑复合、纸/塑复合等等，通用型双组分无溶剂胶黏剂的研究成功，为无溶剂复合工艺的普及，奠定了坚实的基础；第三代产品即功能性产品，也是双组分胶黏剂，与第二代胶黏剂不同的是，它们具有一些特定功能，可解决通用型无溶剂胶黏剂在产品应用及工艺过程中所面临的、无法解决的相关问题、满足无溶剂复合工艺发展进程中的种种需求，包括耐蒸煮胶黏剂（复合产品可高温蒸煮）、耐介质胶黏剂（复合产品具有耐介质优良的特性和印刷油墨相容性好复合时不致发生溶墨现象，产品卫生性能优良）以及紫外光固化胶黏剂（胶黏剂可在复合生产线上通过紫外线的照射下快速固化），等等，它们对于塑料复合软包装材料性能的提升或者改善工艺操作，具有明显的效果。第三代无溶剂胶黏剂将根据无溶剂工艺发展的需要而不断发展，伴随着无溶剂复合工艺的壮大而壮大，第三代无溶剂胶黏剂的发展，是一个渐进的永无止境的过程。

可以满足塑料软包装复合材料生产中一些特定使用的需要各种"功能性"无溶剂胶黏剂的开发研究成果，使许多过去无溶剂复合的禁区得以解禁，成为了当今无溶剂复合英雄用武之地，随着新型"功能性"无溶剂胶黏剂的开发应用，无溶剂复合在塑料软包装领域中的应用，必将得到更为广泛的应用。而目前我国无溶剂胶黏剂生产单位，普遍缺少铝塑复合用高温蒸煮型无溶剂胶黏剂以及农药包装等复合软包装材料用的抗介质无溶剂胶黏剂等功能性无溶剂胶黏剂，这已成为我们塑料软包装行业大力发展无溶剂复合工艺、使用无溶剂复合迅速替代干法复合的一大障碍，加速功能性无溶剂胶黏剂的开发研究，是无溶剂复合胶黏剂科技工作者面前的一个十分艰巨的任务。

二、我国无溶剂胶黏剂发展情况

我国无溶剂复合胶黏剂工业发展较晚，虽然早在 20 世纪 80 年代，我国的塑料软包装行业就开始关注无溶剂复合工艺，并先后引进了几十条无溶剂复合生产线，并从德国汉高引入了无溶剂胶黏剂生产技术。但因种种原因，无溶剂胶黏剂在国内一直未形成大规模工业化生产，塑料软包装行业所使用的几乎全部依赖从国外进口，存在价格高昂、订货周期长等问题，长期以来，严重地制约着无溶剂复合在我国的发展。直到 2006 年上海康达新材股份有限公司（当时的上海康达化工有限公司），在上海市包装技术协会的倡导与支持下，组织实力强大科技团队对复合薄膜用无溶剂胶黏剂进行深入的研究，开发出具有真正国产意义并投入工业化生产的无溶剂胶黏剂，突破国外工业发达国家在无溶剂复合胶黏剂领域中的垄断地位之后，大大激发了精细化工行业同仁对发展无溶剂胶黏剂的热情与信念之后。国内无溶剂复合胶黏剂的生产，出现了本土企业的大量加盟与外资企业纷纷的来华建厂的大好局面，不到十年的时间，无溶剂复合胶黏剂完成了从完全依赖进口到基本自给并少量出口外销的转变。据不完全统计，目前我国无溶剂生产厂商中，在业界有比较大的影响的就本土企业就有上海康达新材料股份有限公司、北京高盟股份有限公司、北京华腾新材料股份有限公司、万华化学有限公司、中山新辉化学制品有限公司、浙江新东方油墨集团有限公司等；在华建厂生产无溶剂胶黏剂的跨国公司，已有汉高（中国）有限公司、波士胶芬得利（中国）胶黏剂有限公司、富乐（中国）黏合剂有限公司、欧美化学有限公司以及台资企业高鼎精细化工（昆山）有限公司等。跨国公司与本土企业之间相互竞争、互为补充的局面，真可谓万紫千红争斗艳，百花齐放春满园。

三、国内无溶剂胶黏剂的技术创新

我国的无溶剂胶黏剂，不仅近年来生产规模上得到了高速的发展，更令人高兴的是，在无溶剂胶黏剂生产规模发展的进程中，广大科技工作者十分注意知识产权的保护问题，开发了许多具有自主知识产权的品种并申请了专利保护，为我国无溶剂胶黏剂的生产和今后的发展，奠定了良好的基础[1~11]。

1. 上海康达化工新材料股份有限公司专利技术

上海康达化工新材料股份有限公司的赵有中、王国梁、陆企亭、侯一斌在中国专利"常温涂布无溶剂聚氨酯复膜胶及其制备方法和用途"中[1]，披露的一种常温（20～30℃）涂布的无溶剂聚氨酯复膜胶及该复膜胶的制备方法和用途。该常温涂布无溶剂聚氨酯复膜胶，包括甲、乙两个组分，其乙组分含有至少一种碳链长为 C_{12} 以下的多元醇 a1％～10％，至少两官能度及以上的多元醇 b 30％～70％，植物油改性的多元醇 c20％～70％，固化速度调节剂 d 0.01％～1％。该无溶剂聚氨酯复膜胶适用于多种薄膜之间的粘接、复合，复膜涂布的温度为15～50℃（优选为 20～30℃）。该发明的优点在于，单位面积上胶量少，胶料耗用成本低；安全性好，没有火灾、爆炸的危险，不需要溶剂的防爆措施；有利于环境保护，制备的复合膜能够耐 100℃水煮 30min。

2. 北京燕山高盟科技有限公司的专利技术

北京燕山高盟科技有限公司的田立云、沈峰、刘稳娣在中国专利"一种无溶剂型双组分聚氨酯胶黏剂及其制备方法"中[2]，披露的一种无溶剂型双组分聚氨酯胶黏剂及其制备方法，涉及一种食品、药品等领域复合软包装用胶黏剂，该胶黏剂包括：组分 A 和组分 B，组分 A 为端异氰酸酯化合物，组分 B 为多羟基化合物，组分 A 和组分 B 按 2∶1 的重量比混合后得到该胶黏剂。该胶黏剂解决了现有无溶剂型胶黏剂因在透明、黏度、低温涂布性和剥离强度以及耐蒸煮性方面存在的不足，影响其使用效果及限制其使用范围的问题，该胶黏剂的 A 组分及 B 组分均为透明液体，环保、无溶剂，具有低的黏度，在 25℃下，A 组分黏度可在 2000～5000mPa·s，B 组分黏度可在 400～2000mPa·s，具有良好的低温涂布性，具有良好的剥离强度和蒸煮后保持良好的剥离强度，是一种环保型的胶黏剂。

3. 常熟国和新材料公司的专利技术

常熟国和新材料公司的钟文军、徐大勇在中国专利"一种无溶剂双组分聚氨酯胶黏剂及其制备方法"中[3]，披露了一种包括 A、B 两组分（A 组分是端基异氰酸酯预聚体，B 组分是含羧基的聚醚多元醇）的功能性无溶剂胶黏剂。该无溶剂聚氨酯胶黏剂复合牢度高，适用期长，适应基材广且制得的铝塑复合薄膜在高温蒸煮杀菌处理后仍保持优异的外观和黏结性，这是目前市场呼声较高，生产供应不多的品种之一。该专利的权利要求为：

① 该双组分聚氨酯胶黏剂的特征在于，包括两组分，A 组分是由 50％～75％的异氰酸酯与 15％～30％的小分子聚醚多元醇及（或）10％～20％的植物油改性多元醇反应生成的端异氰酸酯基聚氨酯预聚体；B 组分是由 75％～98％的小分子的聚醚多元醇与 2％～25％的酸酐反应生成的含羧基的聚醚多元醇，延

迟催化剂占 B 组分其他原料的总量的 0.1％～0.3％。

② 该胶黏剂的 A 组分中的异氰酸酯为二环氧己基二异氰酸酯（HMDI）及/或异氟尔酮二异氰酸酯（IPDI）；小分子聚醚多元醇为分子量 400 的聚氧化丙烯二醇及/或分子量 300 的聚氧化丙烯三醇；植物油改性多元醇为分子量 1000 的环氧大豆油改性多元醇（官能度为 2.6）及/或分子量为 900 的蓖麻油改性三元醇（官能度为 2.7）。

③ 该胶黏剂 A 组分端异氰酸酯基聚氨酯预聚体的制备方法为：在氮气保护下，将小分子聚醚多元醇及/或植物油改性多元醇加热到 130～150℃，真空度 0.266kPa 下，脱水 1.5～2.0h 后取样测水分含量，当水分含量小于 0.05％时，降温至 70℃，分批加入异氰酸酯，在 85～90℃反应 2～3h，生产聚氨酯预聚体。

④ 该胶黏剂 B 组分的小分子聚醚多元醇为分子量 400 的聚氧化丙烯二醇及/或分子量 300 的聚氧化丙烯三醇；用于改性的酸酐为偏苯三酸酐；延迟催化剂为三乙醇胺。

⑤ 该胶黏剂 B 组分含羧基的聚醚多元醇的制备方法为：将小分子聚醚多元醇加热到 150～170℃，真空度 0.266kPa 下，脱水 1.5～2.0h 后取样测水分含量，当水分含量小于 0.05％时，降温至 60℃，然后加入酸酐，在 120～130℃下进行酸改性，再加入延迟性催化剂，得到含羧基的聚醚多元醇。

⑥ 该胶黏剂的特征在于 B 组分含羧基的聚醚多元醇中羧基的含量为 4％～12％。

⑦ 该胶黏剂的特点还在于无溶剂双组分聚氨酯胶黏剂的制备方法为：将 A 组分和 B 组分按官能团摩尔比 NCO/OH＝1.0～1.5 充分混合。

在此基础上制得的聚氨酯无溶剂胶黏剂，在 30～50℃温度下涂胶与复合，经 50℃熟化 48h，制得的复合薄膜，不仅能经受 100℃水煮，而且能够耐 120℃蒸煮，水煮及蒸煮前后的剥离强度如表 4-1 所示。

表 4-1　无溶剂胶黏剂所制得的复合薄膜的剥离强度

样品标号	BOPA/PE 水煮前的剥离强度 /(N/15mm)	BOPA/PE100℃, 30min 水煮后的剥离强度 /(N/15mm)	BOPA/铝箔蒸煮前的剥离强度 /(N/15mm)	BOPA/铝箔 121℃,30min 蒸煮后的剥离强度 /(N/15mm)	CPP/铝箔蒸煮前的剥离强度 /(N/15mm)	CPP/铝箔 121℃, 30min 蒸煮后的剥离强度 /(N/15mm)
1	13.5	13.0	13.0	12.0	12.5	12.0
4	12.0	12.0	11.0	10.0	12.0	12.0
5	12.0	11.0	11.0	10.8	10.0	10.0
6	13.0	13.0	11.0	10.5	11.0	10.0
7	13.5	13.0	12.0	11.8	12.5	12.0
8	14.0	14.0	13.0	12.3	12.5	12.0

这里仅仅介绍了几项专利的大致情况，笔者认为以此足以"窥一斑而知全豹"。对有关专利感兴趣、希望了解更多情况的朋友，不妨参阅相关专利的原文。

第二节　聚氨酯无溶剂胶黏剂的结构与性能

一、无溶剂胶黏剂结构与性能的多样性

目前塑料软包装复合用无溶剂胶黏剂基本上均为聚氨酯类胶黏剂。聚氨酯的生产是通过二异氰酸酯与多元醇类化合物反应而制得的。有大量可用于生产无溶剂胶黏剂的二异氰酸酯，如二苯基甲烷二异氰酸酯（MDI）、甲苯二异氰酸酯（TDI）或异佛尔酮二异氰酸酯（IPDI）等，同样也存在着大量可用于生产无溶剂胶黏剂的多元醇类化合物，如多种聚酯与聚醚。

由于可用于制造聚氨酯胶黏剂的单体数量极其庞大，而且在制造聚氨酯胶黏剂时，常常使用共聚的方法，这就使得聚氨酯胶黏剂的合成具有极大的活动空间，生产聚氨酯胶黏剂的企业可以通过单体的各种合理匹配与工艺条件的变化，对聚氨酯无溶剂胶黏剂的涂布黏度、适用期（存盘时间）、熟化条件以及胶黏剂熟化后的强度、柔软性、耐温性、介质适应性以及卫生性能等，进行预判与设计，生产出各种价格适中、性能优良的胶黏剂，同时也由于聚氨酯胶黏剂的生产过程中，可变因数多、技术性强、不易控制的问题。无溶剂胶黏剂的结构设计与生产制造，是一个技术性很高、专业性很强的工作，对于应用无溶剂胶黏剂生产制造塑料软包装材料的朋友，没有必要也不可能精准地掌握这方面的知识。但了解无溶剂胶黏剂结构和性能间的一般规律，对于选择和应用无溶剂胶黏剂，也是十分必要的。

二、无溶剂胶黏剂的种类

1. 按多元醇原料的不同进行分类

按原料中醇类单体之不同，聚氨酯无溶剂胶黏剂可分为聚醚类聚氨酯无溶剂胶黏剂、聚酯类聚氨酯无溶剂胶黏剂及聚酯-聚醚类聚氨酯无溶剂胶黏剂等几个大类。

2. 按原料中二异氰酸酯的不同进行分类

按原料中二异氰酸酯的不同，聚氨酯无溶剂胶黏剂可分为芳香族聚氨酯无溶剂胶黏剂和脂肪族聚氨酯无溶剂胶黏剂两个大类。

带有两个氰酸酯（—NCO）与带有—OH官能团的化合物（如聚醚或聚酯）反应而得。在这里，端基—NCO和—OH的都是以预聚体的形式存在的，不同聚氨酯预聚体表示如图4-1所示。

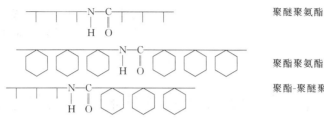

图 4-1　不同聚氨酯预聚体

虽然聚酯型聚氨酯胶黏剂和聚醚型聚氨酯胶黏剂之分，实践中生产和使用的聚氨酯胶黏剂，往往既有含有羟基的聚酯成分，也有含羟基的聚醚成分，提供合理搭配，以期获取更佳的相对平衡的性能；聚氨酯单体部分，同样既可以使用芳香类异氰酸酯，也可使用脂肪族类异氰酸酯，它们间的合理搭配，以期获取优良的物理化学性能以及降低成本，已成为广大科技工作者所不懈追求的目标。

三、无溶剂胶黏剂结构与性能的关系

无溶剂胶黏剂结构与性能的关系是一个十分复杂的问题，而且基于自身利益的保护，众多无溶剂胶黏剂的生产企业，对相关问题也是避而不谈，公开发表的文献极为有限，这里仅就笔者了解的情况，做一些简要的说明。

陈为都[12]对聚氨酯的原料聚酯与聚醚的结构与性能，作了较为详细的剖析，并指出酯和聚醚多元醇的配合使用，能够赋予胶黏剂优良性能。由于酯基的极性大，容易与氨基甲酸酯基形成氢键，因此聚酯型聚氨酯胶黏剂较之聚醚型聚氨酯胶黏剂具有粘接力高、强度大的特点，但耐水性差。聚醚聚氨酯胶黏剂则由于醚键上的氧原子没有连氢，使得两旁碳原子上的氢没有强烈的排斥，旋转位垒比较低，链的柔顺性好，所以，具有很好的低温柔顺性，能降低胶黏剂的黏度，而且由于醚键的极性比酯键低，聚醚型聚氨酯胶黏剂相对于聚酯型聚氨酯胶黏剂，具有更好的耐水解能力。

无溶剂聚氨酯胶黏剂由于在整个合成过程中没有溶剂的参与，产品的分子量较低，为了获得与溶剂型胶黏剂相近的初粘力和最后的粘接性能，选择一定比例在室温下具有良好结晶性的聚多元醇是必要的。芳香环能增加刚性和抗氧化的能力，并由于空间阻碍使水解物难于接近酯键从而提高了抗水解的性能。而支链化的二醇，如1,2-丙二醇由于侧基的存在而妨碍了分子间的缔合，同时对酯键起了空间保护作用，因而改善了抗热、抗氧化、抗水解的性能，并具有较弱的结晶倾向和较好的耐溶剂性。短链的二元醇如乙二醇、丙二醇等合成的聚酯具有强的结晶倾向性。脂肪族二元酸例如己二酸和癸二酸，其分子中的线性碳氢链增加了聚酯的柔性链段，因而也就增加了聚氨酯最终产物的柔韧性并降低了凝固点。适用的芳香族二酸有间苯二甲酸、对苯二甲酸、邻苯二甲酸或酸酐。经常被采用的二元醇还有二甘醇，由于二甘醇分子中有醚键存在，在聚氨酯软段结构中引入的酯基的同时，也引入了醚键。合成的聚氨酯胶黏剂的力学性能比聚醚型的好，柔顺性也较好。

异氰酸酯的选择方面，采用二异氰酸酯单体和它们的改性体。一般常用的二异氰酸酯单体有甲苯二异氰酸酯、多亚甲基多苯基异氰酸酯（PAPI）、异佛尔酮二异氰酸酯即 3-异氰酸酯亚甲酯-3,5,5-三甲基环己基异氰酸酯（IPDI）、六亚甲基二异氰酸酯（HDI）和苯二亚甲基二异氰酸酯（XDI）等。甲苯二异氰酸酯价格低廉、反应活性高、制品的综合力学性能也好，但蒸气压较高、毒性较大，而且制品长期暴露在自然光下会发生黄变。多亚甲基多苯基异氰酸酯蒸气压较低（25℃）小于 0.001Pa，反应活性较高，分子中有多个刚性苯环，并且有较高的平均官能度，制品固化速度快，质地较硬。由于多亚甲基多苯基异氰酸酯实际上是一种含有不同官能度的多亚甲基多苯基多异氰酸酯的混合物，通常二苯基甲烷二异氰酸酯占混合物总量的 50％左右，产品不耐黄变。六亚甲基二异氰酸酯、异佛尔酮二异氰酸酯是脂肪族异氰酸酯，反应活性比芳香族异氰酸酯低，制品具有不黄变的特点。由于六亚甲基二异氰酸酯不含苯环，制品柔韧性好，但六亚甲基二异氰酸酯挥发性大，毒性也大，一般将其与水反应制成缩二脲二异氰酸酯或催化形成多聚体再加入到反应体系中。IPDI 一般用于要求耐光耐候耐磨耐水解的场合。苯二亚甲基二异氰酸酯蒸气压较低，反应活性较高，分子结构中异氰酸酯基团与苯环之间被亚甲基相隔，制品对光稳定，不黄变，是较理想的选择。

为了提高胶黏剂的使用性能，常常需要加入助剂，如消泡剂、增强剂、抗氧剂、填料等。在使用过程中如果胶黏剂黏度太高，容易在两片被粘的膜之间的胶层出现许多小的气泡。当胶黏剂黏度超过 1000mPa·s 时，加入消泡剂可以明显改善涂布时气泡的产生，用量在 0.5％左右。由于聚氨酯存在老化问题，主要是热氧化、光老化以及水解，可以通过添加抗氧化剂、光稳定剂和水解稳定剂而得到缓解。光稳定剂主要包括两种，一种是紫外线吸收剂，另一种是位阻胺，两者复合光稳定性更好。一般的紫外线吸收剂是苯并三唑系和三嗪系。位阻胺常用的牌号为瑞士 Ciba 公司产 Tinuvin 292。一般常用的增强剂有硅烷偶联剂及环氧树脂，用量在 0.3％左右。加入一定量的填料不仅可以降低成本，也可以使胶膜的硬度提高。

科意亚太有限公司亚太技术经理辛舒端博士来华交流时，对此原料对无溶剂胶黏剂性能的影响，也作过简要的介绍，指出了无溶剂胶黏剂的一些规律并通过实验数据予以证实。他指出含有高比例芳香族聚酯的聚氨酯预聚体，一方面，对铝箔有很好的黏着力，有很好的耐酸性和耐热性。由于有芳香族聚酯，如果在低温条件下固化，其只能接受很少的润滑剂和可能导致复合强度变低且碱性产品可能破坏聚酯胶黏剂。另一方面，含醚类比较高的产品，可以接受比较高的滑剂，且对碱性产品有很好的耐用性。

辛舒端博士指出，多功能胶黏剂有更加宽广的使用范围，获取高功能的方法之一，是联合芳香聚酯和聚醚，然而，发现很难这样做，因为芳香聚酯和聚醚是不相容的。多功能胶黏剂应能接受高润滑剂，对铝箔有很好的胶黏力，这些性能无法同时取得，因为其不同和不兼容的化学性能而被排除。然而，今天通过一个很好的胶黏剂系统的平衡设计，成功地找到了一个很好的折中方案。该系统研究的是酯/醚型（SF-1），和酯/醚/硅型（SF-2）多功能无溶剂胶黏剂，并测试了它们对塑料薄膜/塑料薄膜和塑料薄膜/铝箔结构的复合薄膜，在润滑剂的接受程度、耐用性和耐蒸煮性。

(1) 胶黏剂对润滑剂的接受程度　SF-1 型胶黏剂其他如多功能溶剂型胶黏剂一样，对润滑剂的接受很好，如表 4-2 所示。

表 4-2　Alu/PE 70μm 剥离强度与润滑剂含量间的关系

胶黏剂	PE 内润滑剂量/$\times 10^{-6}$	150	250	500	10000
SF-1(酯/醚型)	剥离强度/(N/15mm)	7.3	7.0	5.3	5.2

(2) 复合薄膜的耐用性能　产品耐用性能是通过 PET12μm/PE 70μm（含 350×10^{-6} 润滑剂）复合膜来测试的，装入丁香（被认为最激烈的填充物之一），存放在 40℃ 条件，存放前和 2 周、4 周、8 周后测试其剥离强度，对这两个胶黏剂，两周后发现有胶黏剂 SF-1 的复合产品之剥离强度明显降低而胶黏剂 SF-2 的复合产品之剥离强度则较好，见表 4-3。

表 4-3　不同胶黏剂的复合薄膜的剥离强度

胶黏剂	时间/周	0	2	4	8
SF-1(酯/醚型)	剥离强度/(N/15mm)	2.5t	0.2	0.2	0.1
SF-2(酯/醚/硅型)	剥离强度/(N/15mm)	2.5t	1.3	1.1	1.0

注：t 表示膜可撕开。

(3) 耐蒸煮性　SF-1 和 SF-2 的耐蒸煮性能是通过透明结构（PET12μm/CPP50μm 含 600×10^{-6} 润滑剂）和含铝箔的三层结构（PET12mm/Al12mm/CPP50mm 含 600×10^{-6} 润滑剂）来测试的。蒸煮温度 135℃，时间 30min，蒸煮前和蒸煮后的剥离强度和热封强度如表 4-4、表 4-5 所示。

表 4-4　PET12μm/CPP50μm 复合薄膜的耐蒸煮性能

胶黏剂	蒸煮前		蒸煮后	
	剥离强度/(N/15mm)	热封强度/(N/15mm)	剥离强度/(N/15mm)	热封强度/(N/15mm)
SF-1	3.2t	47~59t	不分层	49~65t
SF-2	3.5t	53~60t	不分层	50~55t

注：t 表示膜可撕开。

表 4-5　PET12μm/Al12μm/CPP50μm 的复合薄膜的耐蒸煮性能

胶黏剂	蒸煮前		蒸煮后	
	剥离强度/(N/15mm)	热封强度/(N/15mm)	剥离强度/(N/15mm)	热封强度/(N/15mm)
SF-1	7.3t	66~67t	分层	—/—
SF-2	7.4t	55~68t	不分层	32~44t

注：t 表示膜可撕开。

试验结果表明酯/醚/硅型无溶剂胶黏剂，较之酯/醚型无溶剂胶黏剂有较佳的性能。酯/醚型无溶剂胶黏剂对透明结构展示很好的蒸煮性能，但对含铝箔的三层结构，则没有可蒸煮性，蒸煮试验后发现蒸煮袋分层；而用含硅成分的酯/醚/硅型无溶剂胶黏剂，蒸煮后蒸煮袋仍有很好的剥离强度和热封强度。

赵有中在软包装用无溶剂聚氨酯胶黏剂的研制一文中指出[13]：

在合成无溶剂聚氨酯胶黏剂时，采用 4,4'-MDI 的无溶剂聚氨酯胶黏剂所生产的复合软包装材料的剥离强度，明显地高于其他二异氰酸酯的无溶剂聚氨酯胶黏剂所生产的复合软包装材料的剥离强度，见图 4-2，MDI 较 TDI 更适合于生产无溶剂聚氨酯胶黏剂。

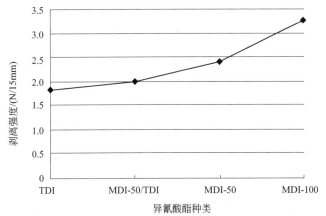

图 4-2　二异氰酸酯种类不同对无溶剂聚氨酯胶黏剂所生产的复合软包装材料的剥离强度的影响

该文还指出，适当增添小分子扩链剂，有助于提高胶黏剂的剥离强度，见图 4-3。

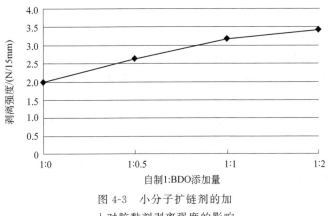

图 4-3　小分子扩链剂的加入对胶黏剂剥离强度的影响

此外赵有中指出，异氰酸酯和羟基的比例（NCO/OH），对无溶剂胶黏剂的硬度和固化速度有明显的影响，如图 4-4 和图 4-5 所示，当 NCO/OH 增大时，胶黏剂固化后硬度增大，胶黏剂的固化速度也相应提高。

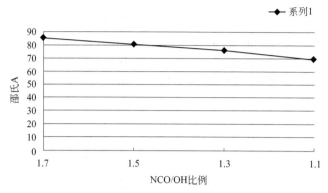

图 4-4　NCO/OH 对胶黏剂硬度的影响

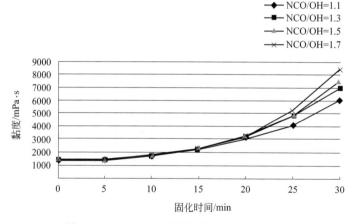

图 4-5　NCO/OH 对胶黏剂固化时间的影响

　　由上所述我们不难看出，聚氨酯类无溶剂胶黏剂，原料的搭配的可调性很大，通过合理的分子设计及工艺控制，可以制备出各种性能各异的胶黏剂，满足塑料软包装生产的需要，但这也是一个技术性非常强的工作，属于精细化工领域中的一个重要组成部分，它远远超越我们塑料复合薄膜领域讨论的范畴，因此对于无溶剂复合的朋友对此应当有一个大体的了解但没有必要进行过多的探究，我们所应当特别关注的是各种市售无溶剂胶黏剂的工艺操作性、熟化胶黏剂的性能及其适用领域，从而选用好无溶剂复合的胶黏剂。在选择无溶剂胶黏剂时，要尽可能多与胶黏剂的生产厂商沟通，从经济、适用两个方面着手，选择适合于自己的无溶剂胶黏剂，切不可片面追求价格低廉而无视胶黏剂的工艺及最终性能。此外建议复合软包装材料的生产厂家，特别使新进入无溶剂复合领域的厂家，在选用无溶剂胶黏剂时，优先考虑选用有一定生产规模的、在业内有良好信誉度的厂商的胶黏剂。

第三节　工业化无溶剂胶黏剂的特征、类别与常见品种

一、基本特征

工业化的无溶剂胶黏剂，生产单位众多、品牌繁杂、性能各异，比如有通用型无溶剂胶黏剂、镀铝基膜复合用无溶剂胶黏剂、水煮复合薄膜用无溶剂胶黏剂、蒸煮薄膜复合用无溶剂胶黏剂等，但它们存在着如下几个共同的特点。

(1) 不含溶剂　不含溶剂是无溶剂胶黏剂的一大特征。由于胶黏剂中不含溶剂，复合过程中，胶黏剂经熟化（化学反应）之后，全部转换为固态物质，进入复合产品之中，复合过程中，没有溶剂的排放，因此无溶剂复合工艺，在节约资源能源、环境保护以及消防安全等诸多方面，呈现出突出的优势。无溶剂复合不需要通过烘道加热，使溶剂的挥发、排放，不仅节约能源、也避免了溶剂的浪费，而且还因为没有溶剂的挥发排放，没有有毒有害的副产物产生，不会对生产场地和周边环境，产生危害，成为一种典型的清洁化生产工艺，且节能十分显著。

(2) 分子量较低　无溶剂胶黏剂不含任何溶剂，使用过程中也不向胶黏剂中添加溶剂，因此不可能通过配入溶剂的方法，调节（降低）胶黏剂的黏度的方法，来改善胶黏剂的涂布性能，满足在基材表面上均匀涂布胶黏剂的需要；提高施工温度，可以使胶黏剂的黏度得到降低，利于涂布加工，但随着温度的提高，胶黏剂的适用期（可涂布施工的时间）相应缩短，提高温度的幅度受到极大的限制，除单组分无溶剂胶黏剂之外，一般无溶剂胶黏剂的涂布温度，必须控制在80℃以下。

为了使胶黏剂的黏度保持在一个较低的水平，满足涂胶施工的需要，就需要在制造胶黏剂时，降低胶黏剂的分子量，以降低胶黏剂的黏度，因此无溶剂胶黏剂的另一个共同的特征是，胶黏剂的分子量较干法复合的胶黏剂分子量要明显低。

分子量低，满足了涂布施工的需要，但同时也由于分子量低，容易产生向基材的油墨层渗透、迁移，呈现出与一些印刷油墨的相容性差，引起印刷图案变异的问题。

(3) 初粘力低　由于无溶剂胶黏剂的分子量普遍较低，因此无溶剂胶黏剂还有一个共同的特点，那就是复合加工时，复合制品的初粘力较低，为了获得质量上佳的复合产品，要求无溶剂复合设备的收卷、放卷装置，具有良

好的张力控制系统，以避免复合产品在收卷时的产生隧道效应等弊病，确保产品的质量。

二、无溶剂胶黏剂的分类方法

无溶剂胶黏剂，可以按照多种不同的方法分类，最常见的分类方法是根据胶黏剂的化学结构的不同、组分的不同或者用途的不同，对其进行分类。

1. 按化学结构分类

聚氨酯胶黏剂由异氰酸酯和含羟基的化合物（聚酯或聚醚）反应而得，根据所用的羟基化合物之不同，有聚醚型无溶剂胶黏剂和聚酯型无溶剂胶黏剂以及聚酯聚醚混合型无溶剂胶黏剂之分；根据所用的异氰酸酯的不同，有芳香型无溶剂胶黏剂和脂肪型无溶剂胶黏剂之分。

2. 按组分分类

按照无溶剂胶黏剂使用时组分的不同，有双组分无溶剂胶黏剂和单组分无溶剂胶黏剂之分。

双组分无溶剂胶黏剂，使用过程中依靠两组分间的化学反应而熟化，应用面广，几乎可以应用于所有塑料软包装材料的生产；单组分无溶剂胶黏剂，需要依靠空气中的水分子与胶黏剂的异氰酸酯反应而熟化，熟化过程中还有二氧化碳产生，需要通过基材散发到空气中，因此，只能应用于含纸质等疏松材质的基材复合。在无溶剂复合领域中，双组分无溶剂胶黏剂无论在使用面或使用量方面，较之单组分无溶剂胶黏剂均占有压倒的优势，但并不意味着单组分无溶剂胶黏剂是一个一无是处的、可有可无的品种。在纸塑及纸铝复合等方面，单组分无溶剂胶黏剂，则较之双组分聚氨酯无溶剂胶黏剂表现出突出的优势：由于单组分无溶剂胶黏剂的分子量较高、黏度较大、流动性较低，在复合过程中，胶黏剂不易渗透到纸张的内部，可以在较少涂胶量的情况下，确保复合产品的强度，从而降低复合软包装材料的生产成本。

3. 按用途分类

① 按照用途的不同，人们将无溶剂胶黏剂分为：普通常温用无溶剂胶黏剂、低温（80℃）水煮用无溶剂胶黏剂、沸煮用无溶剂胶黏剂、高温蒸煮（121℃、135℃）蒸煮用无溶剂胶黏剂、镀铝薄膜复合用无溶剂胶黏剂以及各种功能型无溶剂胶黏剂（耐介质型无溶剂胶黏剂、快速熟化无溶剂胶黏剂、耐爽滑剂型无溶剂胶黏剂）等。

② 也有人根据施工时的涂胶温度之不同，将无溶剂胶黏剂分为：常温涂布型无溶剂胶黏剂、中温（40～60℃）涂布型无溶剂胶黏剂及高温涂布型（70～100℃）无溶剂胶黏剂。

三、工业化无溶剂胶黏剂的常见品种举例

1. 普通型无溶剂胶黏剂

所谓普通型即常温使用的轻包装用复合薄膜复合用无溶剂胶黏剂，是无溶剂胶黏剂中，最基本的、使用量最多的通用型产品。

2. 水煮型无溶剂胶黏剂

水煮型无溶剂胶黏剂是较普通型无溶剂胶黏剂耐温性稍高的品种，其中低温水煮型无溶剂胶黏剂生产的复合薄膜可在80℃进行巴氏灭菌；高温水煮型无溶剂胶黏剂生产的复合薄膜可在100℃水煮灭菌。

水煮型无溶剂胶黏剂，价格与轻包装用复合薄膜用无溶剂胶黏剂相当，或者略高于轻包装用复合薄膜用无溶剂胶黏剂，因此水煮型无溶剂胶黏剂也常用于普通轻包装用复合薄膜的生产。

3. 蒸煮型无溶剂胶黏剂[14]

蒸煮型无溶剂胶黏剂，即耐高温蒸煮袋用胶黏剂。用它制得的复合薄膜，制袋之后，用于包装食品、医疗器具等，能经受高温蒸汽加热、杀菌处理。蒸煮包装具有轻质、方便、储存期长、卫生、易拆开等特点，很好地适应了人们日常生活的需要，备受包装界重视。

蒸煮袋按蒸煮灭菌温度的等级的不同，通常分成三个档次：

① 121℃蒸煮（121℃，40min蒸煮）。适用与大部分食物需要，如牛肉、水产品、豆制品等。可适应于121℃，40min蒸煮的无溶剂胶黏剂，简称121℃蒸煮用无溶剂胶黏剂。

② 135℃高温蒸煮（135℃，20min蒸煮）。可适应于135℃、20min蒸煮的无溶剂胶黏剂，简称121℃蒸煮用无溶剂胶黏剂。

③ 145℃超高温蒸煮（145℃，5min蒸煮）（可将耐热性强的芽孢肉毒杆菌等细菌杀灭干净）。可适应于145℃，5min蒸煮的无溶剂胶黏剂，简称145℃蒸煮用无溶剂胶黏剂；该类溶剂型胶黏剂已有工业化生产，在无溶剂胶黏剂方面，目前鲜有这类产品的报道。

根据无溶剂胶黏剂适用的材质的不同，在蒸煮用无溶剂胶黏剂中，又有塑-复合型蒸煮用无溶剂胶黏剂与铝-塑复合型蒸煮用无溶剂胶黏剂两种。其中塑-复合型蒸煮用无溶剂胶黏剂技术要求较低，生产供应的厂商较多；铝塑复合型蒸煮薄膜用胶黏剂技术要求较高，生产难度较大，目前生产供应该产品的厂商不多。

四、无溶剂胶黏剂前沿品种

1. 紫外线固化型无溶剂胶黏剂

紫外线固化型无溶剂胶黏剂，这种胶黏剂中含有光敏基团，在紫外线的照射下，可以在很短的时间内完成交联固化反应，完全克服普通无溶剂胶黏剂复合过程

中初粘力低下的缺点，复合过程中不易产生隧道效应，有利于提高产品质量，而且可以在产品收卷之后即进行分切、制袋等后继加工，提高资金的周转率；但光敏基团的引入不仅需要较高的技术，而且在引入光敏基团之后，胶黏剂的价格也有较大幅度的提高。作为无溶剂胶黏剂的前沿产品，目前只有极少的单位生产。

2.135℃高温蒸煮及145℃超高温蒸煮用无溶剂胶黏剂

135℃高温蒸煮及145℃超高温蒸煮用无溶剂胶黏剂，制备的复合薄膜，要在高温及超高温条件下蒸煮，这类胶黏剂是蒸煮用无溶剂胶黏剂中的高端产品，目前只有极少的单位能够生产。

3. 其他功能性无溶剂胶黏剂

复合软包装材料应用范围的日益扩大，它不仅用在食品、药品等包装方面，还用在日用品、化妆品、洗涤用品、卫生用品、农药和某些化学药品的包装方面，所以对功能性的要求更迫切了。功能性无溶剂胶黏剂，指具备抗酸、碱、辣、咸、油的功能，以及具备抗苯、甲苯、二甲苯、酯、烃、酒、表面活性剂、农药等腐蚀的功能的无溶剂胶黏剂，目前各胶黏剂生产单位正在开发研究中。

第四节　市售无溶剂胶黏剂简介

一、康达新材料股份有限公司的无溶剂胶黏剂

康达新材股份有限公司是国内第一家研发塑料软包装复合用无溶剂胶黏剂并获得工业化生产的单位，也是目前国内塑料软包装用无溶剂胶黏剂生产和销售量最大的公司之一，该公司无溶剂胶黏剂的投产，对于驱动国内无溶剂复合工艺的应用与发展，起到了积极的推动作用。

康达新材股份有限公司已形成比较系统的无溶剂胶黏剂体系，并分别对普通软包装材料、蒸煮型软包装材料等应用胶黏剂的选用，提出了参考的解决方案。

1. 普通软包装材料无溶剂复合解决方案

产品名称：通用"1"系列产品

WD8118 通用型产品，适合各种软包装材料的复合。

WD8117 能够很好地解决无溶剂复合对 PE 摩擦系数的影响。

WD8116 适用于镀铝材料的复合、能够降低对 PE 摩擦系数的影响。

产品特点：

无溶剂残留；生产效率高，适应机速 200～400m/min；节能，无溶剂复合设备功率不到干式复合设备功率的 1/2；节约成本，相对于干式复合节约成本 20%～60%。

2. 蒸煮型软包装材料用"5"系列产品

WD8158 耐 121℃透明蒸煮，高剥离强度。

WD8156 耐 121℃蒸煮，具有较好的油墨相容性。

产品特点：

无溶剂残留；能耐高温蒸煮；节能低耗；操作方便。

3. 含纸复合材料用"9"系列产品

WD8198 低黏度，适合薄纸与薄膜的粘接、纸与铝之间的粘接（卷材）。

WD8196 高黏度，适合薄纸与薄膜的粘接、纸与铝之间的粘接（片材）。

产品特点：

使用单组分胶黏剂，具有较高的初粘力；高剥离强度；生产效率高，适应机速 150～300m/min；高光泽度。

4. 其他材料的无溶剂复合用"85"系列产品

WD8543 适合于织物面料与塑料薄膜的复合粘接，耐水洗。

WD8547 适用于装饰及家具用品高密度复合板材的表面复膜。

产品特点：

无溶剂残留；高剥离强度；良好的耐水、耐酸、耐溶剂性；具有好的韧性和弹性，耐低温、抗振动和抗冲击。

5. 具体产品示例

上海康达公司的双组分胶黏剂 WD8118A/B、WD8158A/B、WD8168A/B 的性能指标见表 4-6。

表 4-6　上海康达公司的双组分胶黏剂 WD8118A/B、WD8158A/B、WD8168A/B 的性能指标

性能	WD8118		WD8158		WD8168	
	A	B	A	B	A	B
固体含量/%	100	100	100	100	100	100
配比（质量比）	100	75	100	80	100	70
密度/(g/cm³)	1.12±0.01	0.98±0.01	1.12±0.01	1.03±0.01	1.13±0.01	0.98±0.01
黏度 /mPa·s	23℃ ≤1200	23℃ ≤800	45℃ ≤1000	45℃ ≤1800	35℃ ≤1600	35℃ ≤600
用途	100℃水煮		铝箔蒸煮		121℃透明蒸煮	

在这些双组分无溶剂胶黏剂中，通用型无溶剂复膜胶 WD8118A/B 可在室温下进行涂布，操作时间大于 30min，适用于 PE、CPP、PET、NY、BOPP、VMCPP、VMPET、PVDC 等各种常用薄膜材料之间的复合，复合薄膜经充分固化之后，能够耐 100℃水煮 30min 以上；WD8158A/B，WD8168A/B 适用于

含铝箔层的及透明的蒸煮薄膜的复合。

上海康达化工新材料股份有限公司的单组分胶 WD8198 性能指标见表 4-7。

表 4-7　上海康达化工新材料股份有限公司的单组分胶 WD8198 性能指标

性能指标	WD8198 单组分无溶剂复膜胶
外观	淡黄色或无色透明液体
气味	无味
80℃黏度/mPa・s	＜3000
涂布温度/℃	80～90
涂胶量/(g/m²)	1.5～4.0

单组分无溶剂复膜胶系列主要用于纸与 PE、CPP、PET、BOPP 等各种常用薄膜材料之间的复合，涂布温度一般在 80～90℃之间，涂布量为 1.5～4.0g/m²，对于多种材料具有优良的粘接性能。

二、北京高盟股份有限公司的无溶剂胶黏剂

北京高盟股份有限公司的无溶剂胶黏剂是我国塑料软包装领域中的最主要的胶黏剂供应商之一，长期以来就着手开发研究干法复合用的溶剂型胶黏剂及水性胶黏剂，近年来步入无溶剂胶黏剂的生产领域并取得了长足的进展，开发生产了无溶剂胶黏剂的系列产品。

1. 单组分无溶剂复合胶黏剂 YH701

(1) YH701 的技术指标　单组分无溶剂复合胶黏剂 YH701 是一种改性的异氰酸酯加成物。单组分无溶剂复合胶黏剂 YH701 的技术指标如表 4-8 所示。

表 4-8　单组分无溶剂复合胶黏剂 YH701 的技术指标

名称	YH701
成分	改性的异氰酸酯加成物
外观	浅黄色透明液体
固含量	100%
黏度/mPa・s	1000～1800
密度/(g/cm³)	1.15±0.01

(2) YH701 的应用效果　单组分无溶剂复合胶黏剂 YH701 的应用效果如表 4-9 所示。

表 4-9　单组分无溶剂复合胶黏剂 YH701 的应用效果

复合结构		剥离强度/(N/25mm)
纸/塑	纸/BOPP	1.2～1.6 纸破坏
	纸/PE	1.2～1.6 纸破坏
纸/镀铝	纸/VMCPP	0.9～1.4 纸破坏
纸/铝	纸/铝	1.0～1.7 纸破坏

(3) 工艺条件及注意事项 单组分无溶剂复合胶黏剂 YH701 的性能指标使用前，建议在 60~70℃ 预热 3~4h，以便顺利地从容器中取出（如供料系统有专门设备及管式加热装置，可以不用预热）。

涂布：计量辊温度 70~90℃，涂布辊温度 80~100℃。上胶量 2.0~2.5 g/m²。复合温度 40~60℃。熟化：复合后 24h 可进行二次复合，室温 7~14 天可完全熟化，达到良好的综合性能。

2. 双组分无溶剂复合胶黏剂

① 通用型双组分无溶剂胶黏剂：YH753A/YH753B。

② 铝箔复合用无溶剂胶黏剂：YH762A/YH762B。

3. 121℃ 蒸煮型双组分无溶剂胶黏剂

高盟股份有限公司的 121℃ 蒸煮型双组分无溶剂胶黏剂，有高黏度和低黏度两个品种。

① 高黏型 YH792A/YH762B。

② 低黏型 YH791A/YH791B。

YH792A/YH762B 和 YH791A/YH791B 的技术指标见表 4-10。

表 4-10　高盟 121℃ 蒸煮型双组分无溶剂胶黏剂的技术指标

项目	高黏型		低黏型	
	YH792A	YH762B	YH791A	YH791B
成分	异氰酸酯组分	羟基组分	异氰酸酯组分	羟基组分
外观	浅黄色透明液体	浅黄色透明液体	浅黄色透明液体	浅黄色透明液体
固含量/%	100	100	100	100
黏度/mPa·s	1000~1500 (40℃)	1000~5000 (25℃)	1000~4000 (25℃)	1000~4000 (25℃)
密度/(g/cm³)	1.14±0.01	1.14±0.01	1.14±0.01	1.14±0.01
配合比(质量比)	100	40	100	50

高盟 121℃ 蒸煮型双组分无溶剂胶黏剂的应用效果见表 4-11。

表 4-11　高盟 121℃ 蒸煮型双组分无溶剂胶黏剂的应用效果

胶黏剂	复合结构	上胶量 /(g/m²)	蒸煮后剥离强度 /(N/15mm)	蒸煮后热封强度 /(N/25mm)	熟化条件
YH792A/YH762B	NY/RCPP	1.8~2.2	8.38 (128℃,40min)	40.26 (128℃,40min)	40℃,48h
YH792A/YH762B	NY/RCPP	1.8~2.2	8.56 (121℃,40min)	44.45 (121℃,40min)	40℃,48h
YH791A/YH791B	NY/RCPP	1.8~2.2	7.53 (121℃,40min)	42.63 (121℃,40min)	40℃,48h

高盟 121℃ 蒸煮型双组分无溶剂胶黏剂的工艺操作条件见表 4-12。

表 4-12　高盟 121℃ 蒸煮型双组分无溶剂胶黏剂的工艺操作条件

项目		YH792A/YH762B	YH791A/YH791B
混胶温度/℃	A 组分	50	40
	B 组分	50	40
	胶管温度	50	40
涂布辊温度/℃		50	40
复合辊温度/℃		50	40
熟化温度/℃		40	40
熟化时间/h		48	48

高盟 121℃ 蒸煮型双组分无溶剂胶黏剂的推荐上胶量见表 4-13。

表 4-13　高盟 121℃ 蒸煮型双组分无溶剂胶黏剂的推荐上胶量

塑/塑复合结构 /(g/m²)	塑/塑复合结构蒸煮用 /(g/m²)	镀铝结构 /(g/m²)	铝箔结构 /(g/m²)
1.2~1.8	1.8~2.2	1.4~1.8	1.8~2.5

4. 高盟的新型无溶剂复合胶黏剂 YH752A 和 YH752B 的组合

高盟公司的新型无溶剂复合胶黏剂 YH752A 和 YH752B 的组合，有主剂和固化剂的黏度相当的特点，由于两组分的黏度相当，容易混合均匀，可应用于塑塑结构，镀铝结构以及铝箔结构的复合产品，是一种通用型胶黏剂。

① YH752A 和 YH752B 胶黏剂的技术指标见表 4-14。

表 4-14　YH752A 和 YH752B 胶黏剂的技术指标

项目	YH752A	YH752B
成分	异氰酸酯组分	羟基组分
外观	浅黄色透明液体	浅黄色透明液体
固含量/%	100	100
黏度/mPa·s	2000~3500	2000~3500
密度/(g/cm³)	1.14±0.005	1.18±0.005
配合比(质量比)	100	50~60

② YH752A 和 YH752B 胶黏剂的工艺参数。

混胶温度：A、B 胶的温度均定为 40；

涂布温度：各辊筒的温度均定为 40℃；

复合温度：复合辊的温度定为 40~45℃；

熟化条件：在 40℃ 熟化 24h 后可进行分切加工，需制袋的产品至少要熟化 24h；

胶黏剂组分间的配比（质量比）：A/B＝100/50，铝箔结构推荐 A/B＝

100/60。

③ 上胶量因产品不同而异，见表4-15。

表 4-15　YH752A 和 YH752B 胶黏剂的上胶量　　　　单位：g/m²

塑/塑 （平滑薄膜）	塑/塑（多色印刷油墨面大的膜， 平滑性不好的膜，K涂膜）	镀铝结构	铝箔结构
1.2～1.4	1.4～1.8	1.4～1.8	1.8～2.5

④ 复合产品的性能。YH752A 和 YH752B 胶黏剂的复合产品的性能见表4-16。

表 4-16　YH752A 和 YH752B 胶黏剂的复合产品的性能（参考值）

结构	剥离强度 （最大值/均值/最小值）/(N/15mm)	热封强度 /(N/15mm)
印刷 BOPP/CPP	3.5/1.45/1.33	25.78
	3.09/2.22/1.82	23.39
	4.64/1.96/1.51	26.79
	3.96/1.58/0.89	24.19
	3.78/1.87/0.97	24.75
	3.94/2.31/1.11	22.25
印刷 BOPP/VMCPP	3.46/1.73/1.15	13.96
	2.74/1.42/0.97	16.45
	2.82/1.28/0.86	14.82
	3.51/2.26/1.49	15.93
	3.29/1.53/0.76	14.83
	2.68/1.64/1.07	12.96
PET/PE	6.8/5.94/3.75	33.24
	5.77/4.63/3.74	32.41
	6.04/4.25/2.53	32.34
	5.86/4.46/3.97	35.63
	5.96/4.57/3.87	32.11
	5.79/3.78/2.94	34.29
	6.57/5.77/4.30	37.10
	6.52/5.22/4.55	38.12
	7.38/6.35/4.21	37.29
	5.11/4.39/3.85	35.88
	7.87/6.01/4.5	43.17
	7.27/5.0/3.98	35.60

⑤ YH752A 和 YH752B 胶黏剂的应用。YH752A 和 YH752B 胶黏剂是通用型胶黏剂，可以应用于塑塑结构、含镀铝层的结构以及含铝箔的结构，可用于多种食品的包装。

三、汉高(中国) 有限公司的无溶剂胶黏剂[15]

作为世界著名的跨国公司，汉高（中国）有限公司也是当今无溶剂胶黏剂的主要供应商之一，该公司在国内推荐的无溶剂胶黏剂的部分产品介绍如下。

1. Loctite Liofol UR7723/UR6029 组合

汉高公司近期在中国推出了 Loctite Liofol UR7723/UR6029 组合的无溶剂复合胶黏剂，据汉高公司介绍，该产品有低黏度、良好的润湿性、低摩擦系数、低温涂布以及适用期（盘寿命）长等特点，其优良的润湿性，在印刷基材及金属镀层薄膜上显得尤为明显。

Loctite Liofol UR7723/UR6029 组合，适于中等爽滑性薄膜，对于透明的塑塑复合产品，可达到水煮的要求；对于含铝箔的可满足除了水煮、蒸煮之外的其他通用要求，适用面较广。

Loctite Liofol UR7723/UR6029 组合的基本性能及应用例，见表 4-17、表4-18。

表 4-17　Loctite Liofol UR7723/UR6029 组合的基本性能

项目	Loctite Liofol UR7723	Loctite Liofol UR6029
固含量	100％	100％
黏度范围	1800～4000mPa・s Brookfield LVT, 25℃	3500～7000Pa・s Brookfield LVT, 25℃
组分	异氰酸酯	羟基
颜色	浅色	浅色
密度	1.17g/cm³	1.10g/cm³
混合比	100	85

表 4-18　Loctite Liofol UR7723/UR6029 组合的应用例

技术指标	复合结构		Loctite Liofol UR7723/UR6029 组合
剥离强度 /(N/15mm)	PA//PE		6.50
	PET 印刷膜//VMCPP		0.82,20％的金属转移
	PET 印刷膜//Al//PE	PET 印刷膜//Al	2.00
		Al//PE	5.98
	PET 印刷膜 //VMCPP//PE	PET 印刷膜//VMCPP	1.60
		VMCPP//PE	3.54

续表

技术指标	复合结构		Loctite Liofol UR7723/UR6029 组合
水煮剥离强度 /(N/15mm)	PA//PE	水煮前	6.50
		水煮后	4.32
摩擦系数试验	PA//PE		0.18
	PET 印刷膜//Al//PE		0.12
	PET 印刷膜//VMCPP//PE		0.13

2. Loctite Liofol UR7780/UR6082 组合[16]

UR7780/UR6082 组合是汉高公司推出的高温蒸煮用无溶剂胶黏剂。可应用于水煮和蒸煮产品的复合，对于塑料和铝箔的复合结构，具有良好的结合强度并在蒸煮后仍具有较高的剥离强度。

① Loctite Liofol UR7780/UR6082 组合的一般特性：在 50℃ 的低温操作；复合塑料薄膜/铝箔剥离强度高；复合塑料薄膜/铝箔具有良好的耐化学性能；可用于复合含中、高爽滑剂的塑料薄膜；具有良好的弹性，可用于伸拉产品的复合；有良好的浸润性适应于高速复合。

② Loctite Liofol UR7780/UR6082 组合的应用推荐：

复合结构：PA/PE；PET/AL/CPP；配比：100/40；上胶量：1.2g/m²，1.7g/m²，2.3g/m²；胶盘辊温度：40～50℃；涂布辊温度：55℃；复合辊温度：50℃；复合压力：4bar（1bar＝10⁵Pa）；复合速度：150m/min；在线电晕处理：2.5kW；熟化条件：40℃，2d。

③ 组合产品结构性能例见表 4-19。

表 4-19　Loctite Liofol UR7780/UR6082 组合产品结构性能例

结构	内装物品		蒸煮后的剥离强度	现象
PET//Al//CPP	PET//Al	水	不可剥离	无分层
	Al//CPP	水	5.47N/15mm	
	PET//Al	油	不可剥离	无分层
	Al//CPP	油	5.06 N/15mm	
	PET//Al	3%的酸	不可剥离	无分层
	Al//CPP	3%的酸	2.11 N/15mm	

四、波士胶芬得利（中国）胶黏剂有限公司的无溶剂胶黏剂

波士胶芬得利（中国）胶黏剂有限公司无溶剂胶黏剂技术，源于无溶剂复合的创始人德国的 Herberts 公司，产品在用户中享有较高的声誉。

1. 经典的 Herberts 无溶剂胶黏剂举例

经典的 Herberts 无溶剂胶黏剂举例见表 4-20[17]。

表 4-20　德国 Herberts 公司的几种无溶剂胶黏剂

特性 ＼ 牌号	LF190×3 单组分胶	2K-LF541/固化剂 100		2K-LF500A/固化剂 424	
		主剂	固化剂	主剂	固化剂
固体含量/%	100	100	100	100	100
黏度/mPa·s	700±100 (100℃)	2500±500 (70℃)	2700±500 (25℃)	5000±1000 (25℃)	5000±1000 (25℃)
混合比/(质量份)	—	100	40	100	60
涂布温度/℃	80～100	70		40	
涂胶量/(g/m²)	0.8～4.5①	1～2		1～2	

① LF190×3 涂胶量。吸收型基材为 2.5～4.5g/m²；非吸收型基材为 0.8～1.5g/m²。

2. 波士胶 Herberts 2K-LF520/H107[17]

这是一种通用型无溶剂胶黏剂，覆盖了波士胶芬得利（中国）胶黏剂有限公司原有无溶剂胶黏剂 MP830/MP730 等的应用领域，例如可应用于 BOPP/CPP、BOPP/mCPP、PET/PE、BOPA/PE、BOPP/mPET/PE、塑塑水煮、重物（大米、洗衣粉）等物品的包装，它还适应于 PET/ PET/PE、含铝箔的三层结构以及塑塑蒸煮等应用。

3. Herberts 2K-LF520/H107 的特点

① 盘中寿命长且能快速熟化。一般无溶剂复合胶黏剂的盘中寿命在 30min 左右，而 Herberts 2K-LF520/H107 在 40～45℃条件下，盘中寿命达 50min，为生产，特别是多品种小批量产品十分有利；在盘中寿命长的同时，2K-LF520/H107 还具有熟化快的优点，经 12～24h 熟化之后，即可进行分切等后继加工。

② 流平润湿性好。在 2K-LF520/H107 涂胶温度下，可在多种基材表面上铺平润湿，并在熟化之后，两组分聚合物形成均匀有序的分子排布，呈现出很好的外观，对比较容易出现外观缺陷的 mPET/PE 结构，利用 2K-LF520/H107 也可以获得上佳的效果。

③ 对摩擦系数/开口性的影响较小。在同等工艺和相同 PE 薄膜的条件下，2K-LF520/H107 对 PE 膜复合熟化后的摩擦系数的影响，明显地低于其他通用无溶剂胶黏剂；即使在复合 PE 之后，再淋膜加工，在高温淋膜的条件下，摩擦系数仍能够保持着稳定的水平。

④ 剥离强度高。2K-LF520/H107 除了在常见的塑塑复合中，表现出很好的剥离强度之外，它质地柔软，在镀铝薄膜的复合中，能够减少镀铝层的转移，表

现出良好的剥离强度。

⑤ 适用于塑-塑蒸煮产品。除了用于 PET/PE，BOPA/PE 等水煮产品的复合之外，也可用于 BOPA/PE 结构的 121℃ 的蒸煮薄膜，蒸煮前后均有良好的强度。

⑥ 初级芳胺（PAA）快速衰减。初级芳胺是聚氨酯胶黏剂使用过程中所产生的一种副产物，PAA 是一种有毒有害物质，也是一种中间产物，PAA 会继续反应而衰减，反应后的最终物质则是无害的。2K-LF520/H107 的快速衰减，有利于生产接触食品的复合薄膜的卫生安全性。

五、富乐(中国)黏合剂有限公司的无溶剂胶黏剂

1. WD4126/WD4122

WD4126/WD4122 是富乐（中国）黏合剂有限公司的通用型无溶剂胶黏剂，具有使用方便、应用面广的特点，基本情况如下。

（1）WD4126/WD4122 无溶剂胶黏剂一般情况　WD4126 和 WD4122 是一种双组分、100％固含量的复合用聚氨酯胶黏剂，适于复合塑料薄膜、铝箔以及纸张等结构。WD4126（异氰酸酯组分）与 WD4122（羟基组分）按 1.2∶1 的质量比混配。WD4126/WD4122 胶黏剂系统适应性广泛，对于塑料薄膜、镀金属薄膜和铝箔均具有优异的黏结力，且具有优异的抗介质性能。本胶黏剂系统固化时间快，而操作时间长、黏度低，改善了操作性能。对于绝大多数油墨都具有很好的相容性。

（2）物理性质　WD4126/WD4122 的物理性能指标见表 4-21。

表 4-21　WD4126/WD4122 的物理性能指标

项目	WD4126	WD4122
基体物质	异氰酸酯预聚体	多羟基预聚体
颜色	微黄,透明	清澈透明
气味	无味	略甜
黏度(23℃)/mPa·s	3500	2500
密度/(g/cm³)	1.22	1.17
质量混配比	1.2 份	1.0 份
体积混配比	1.15 份	1.0 份
固含量	100％	100％

（3）WD4126/WD4122 使用参考

23℃混合黏度　　　　　　2500mPa·s
建议计量混胶泵温度　　　环境温度
建议涂胶系统温度　　　　43～49℃
建议复合温度　　　　　　49～60℃

49℃条件下操作时间	不小于 30min
固化速率	40~45℃条件下，18~24h 可分切或进行后一步加工，48h 完全固化
建议涂布量（大多数应用）	1.3~1.8g/m²

（4）WD4126/WD4122 的黏度 WD4126/WD4122 在不同温度下，黏度变化与时间的关系如图 4-6 所示。

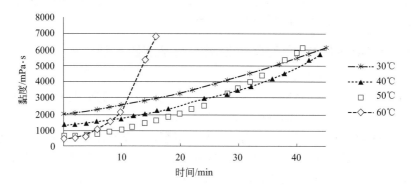

图 4-6　WD4126/WD4122 的黏度变化与时间的关系

2. WD4120/XR1500

WD4120/XR1500 是富乐公司新近推广中的一款无溶剂胶黏剂，它具有较长的适用期（存盘期）、固化周期短且具有初级芳香胺衰减速度快、对复合薄膜的爽滑性影响小等特点，是一种综合性能较佳的无溶剂胶黏剂。

① WD4120/XR1500 的一般性能指标见表 4-22。

表 4-22　WD4120/XR1500 性能指标

产品	WD4120	XR1500	混合后
固含量	100%	100%	—
成分	异氰酸酯聚合物	多元醇聚合物	—
状态	淡黄色透明液体	微黄透明液体	淡黄透明液体
黏度(23℃)/mPa·s	2800	650	—
黏度(32℃)/mPa·s	1300	325	600
相对密度	1.22	1.16	1.19
质量混合比	120	100	—
体积混合比	114	100	—

② WD4120/XR1500 的盘寿命与熟化速度。盘寿命长，约 40min，便于操

作，见图 4-7。

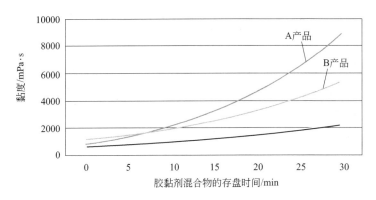

图 4-7　WD4120/XR1500 的盘寿命

WD4120/XR1500 的熟化速度快，熟化 6h 即可分切（一般无溶剂复合胶黏剂，需要熟化 1～3 天以后才能分切），熟化 24h 即可制袋（一般无溶剂复合胶黏剂，需要熟化 2 天以上才能制袋），熟化 3 天即能装袋使用（一般无溶剂复合胶黏剂，需要熟化 5～7 天才能装袋使用），明显缩短生产周期，有利于产品的周转，降低生产成本。

WD4120/XR1500 的熟化进程见图 4-8。

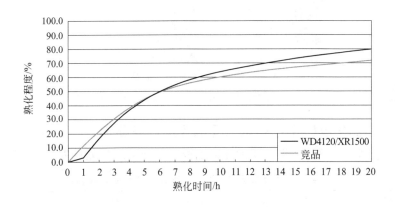

图 4-8　WD4120/XR1500 的熟化进程

③ WD4120/XR1500 的初级芳香胺衰减速度。初级芳香胺衰减速度快，见图 4-9。初级芳香胺衰减速度快，增加了食品包装的卫生安全系数，也有利于缩短复合产品的生产周期。

④ WD4120/XR1500 对薄膜爽滑性影响小，可用于需要高爽滑的结构复合，见图 4-10。

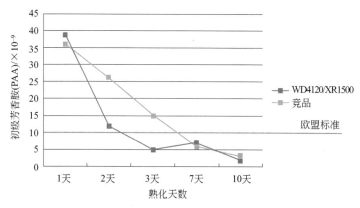

图 4-9　WD4120/XR1500 的芳香胺衰减速度

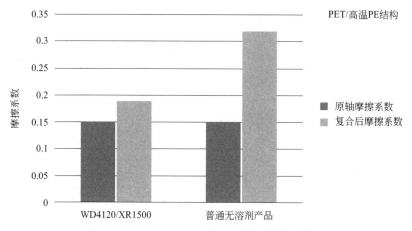

图 4-10　WD4120/XR1500 对薄膜爽滑性的影响

六、陶氏化学(中国) 有限公司的无溶剂胶黏剂[8]

陶氏化学（中国）有限公司的无溶剂胶黏剂及基本性能见表 4-23。

表 4-23　陶氏化学（中国）有限公司的无溶剂胶黏剂

性能	MF1390A/C-33	MF205A/C-66	MF403LV/C-411	MF698A/C-79
混合比	100∶100	100∶50	100∶60	100∶50
黏度/mPa·s	3700/2400	1500/11000	1700/1100	7850/550
涂布温度/℃	40～50	55～70	40～55	40～50
适应期/min	20	26	20	30

（1）MOR-FREE™ 698A＋COREACTANTC-79　MOR-FREE™ 698A＋CO-REACTANTC-79，是一种满足中等功能的双组分聚氨酯型胶黏剂，适用于镀铝

膜、铝箔、聚丙烯、聚乙烯、尼龙等薄膜的复合。

该品具有良好的润湿涂布性以及长的适用期，良好的耐热性，产品符合FDA21CFR，175.105 的规定，可应用于洗发水、调味品、清洁剂的包装。

（2）MOR-FREE™ 403LV＋COREACTANTC-411 MOR-FREE™ 403LV＋COREACTANTC-411 是一种可以满足中高端应用的聚氨酯胶黏剂，有良好的润湿性，特别适用于金属化薄膜的复合结构。

该产品有很快反应速度，可以满足快速分切的要求。

适合巴氏消毒以水煮袋应用，可满足多层复合结构的性能要求。

典型的终端应用包括零食和干果类食品，袋装洗发水，油料袋，番茄酱和酱油的包装和立袋包装。

（3）MOR-FREE™ 205A＋COREACTANTC-66 MOR-FREE™ 205A＋COREACTANTC-66 是一种满足高应用的双组分聚氨酯胶黏剂，适用于含铝箔结构的高温蒸袋。

产品符合 FDA177.1390 标准，具有优异的抗化学和抗介质性能，在高线速下，有好的表现，适用于聚丙烯、铝箔、尼龙和聚酯薄膜等的复合。

（4）MOR-FREE™ 1340A＋COREACTANTC-33 MOR-FREE™ 1340A＋COREACTANTC-33 主要设计于高温耐蒸煮的薄膜复合结构，可以作为高温下的多层膜包装胶黏剂使用，是陶氏化学用于高温蒸煮的专利产品（美国专利5731090）。

可满足水煮袋与热灌装性能要求，该产品符合 FDA21CFR，175.105 的规定。适应于 PE、OPP、PET 等多种薄膜复合结构。

七、欧美化学公司的无溶剂胶黏剂

欧美化学公司的无溶剂胶黏剂，有三个类型，其特点是有良好的卫生性能，可在短期内消除芳香胺。

（1）通型 SF9000A/B 通型 SF9000A/B 使用例：用于 BOPP/CPP 复合薄膜的生产上胶量 1.1g/m^2 左右；用于 BOPP/VMCPP 复合薄膜生产，上胶量 1.2g/m^2 左右。

（2）煮型 SF9100A/B 煮型 SF9100A/B 使用例：用于 BOPP/VMPET/CPE 复合薄膜的生产，上胶量 1.5g/m^2 左右，BOPP/CPP 复合薄膜的生产上胶量 0.95g/m^2 左右。

此外，还有塑塑蒸煮型产品。

八、中山新辉的无溶剂胶黏剂

中山新辉的无溶剂胶黏剂 XH-9801A/XH-9801B，适用于 BOPP、CPP、PE、PET、VMPET、VMCPP 等基材的复合。

（1）胶黏剂 XH-9801A/XH-9801B 胶黏剂 XH-9801A/XH-9801B 的基本性

能见表 4-24。

表 4-24　胶黏剂 XH-9801A/XH-9801B 的基本性能

型号	XH-9801A	XH-9801B
成分	—NCO 组分	—OH 组分
树脂体系	活性聚氨酯聚合物	活性聚氨酯聚合物
固含量/%	100	100
黏度/mPa·s	1000~1300	500~700
密度/(g/m³)	1.12	1.01
质量混合比	100	80

（2）XH-9801A/XH-9801B 胶黏剂的特点　黏度低可常温涂布；具有良好的流平性、润湿性，适合中高速涂布；对油墨的适应性好，基本上不会出现溶墨现象；复合时具备一定的初粘力，铝/PE 复合下机后无隧道出现；产品熟化速度快，适合常温熟化；对于较高要求的产品，可采用 40 熟化；用于三层连续复合的产品时，复合熟化 3~4h 即具备一定强度，可进行下道工序复合；

复合产品的透明性高，柔软性好，剥离强度高。

九、高鼎精细化工（昆山）有限公司的无溶剂胶黏剂

高鼎精细化工（昆山）有限公司的无溶剂胶黏剂有四个大类。

① 一般用无溶剂胶黏剂 FA-818A/FA-218B；

② 镀铝用无溶剂胶黏剂 FA-811A / FA-211B；

③ 蒸煮用无溶剂胶黏剂（121℃）：FA-855A/FA-255B；

④ 蒸煮用无溶剂胶黏剂（135℃）：FA-875A/FA-275B。

不同结构的复合膜上胶量（建议值）：

塑/塑，无印刷 1.2~1.5g/m²；

塑/塑，有印刷 1.4~1.8g/m²；

塑/镀铝膜，无印刷 1.6~1.8g/m²；

塑/镀铝膜，有印刷 1.8~2.2g/m²。

国内生产无溶剂胶黏剂的厂商还有万华化学公司、北京华腾新材料股份有限公司、浙江新东方油墨集团有限公司等公司。

参考文献

[1]　中国专利申请号 200710038978.7. 常温涂布无溶剂聚氨酯复膜胶及其制备方法和用途.
[2]　中国专利申请号 200810114297.9. 一种无溶型双组分聚氨酯胶黏剂及其制备方法.
[3]　中国专利申请号 201210516688.X. 一种无溶剂双组分聚氨酯胶黏剂及其制备方法.

[4]　中国专利申请号200810205202.4.高初粘力的无溶剂聚氨酯复膜胶及其制备方法和应用.

[5]　申请号201110099050.6.不饱和聚酯聚氨酯嵌段共聚物无溶剂黏合剂.

[6]　中国专利申请号201210516125.0.常温涂布无溶剂聚氨酯胶黏剂及其制备方法.

[7]　中国专利申请号200910037754.3.复合膜用无溶剂聚氨酯胶黏剂.

[8]　中国专利申请号201210519185.8.无溶剂双组分聚氨酯胶黏剂及其制备方法.

[9]　中国专利申请号201110394136.1.一种可降解、无溶剂聚氨酯胶黏剂及其制备、使用方法.

[10]　中国专利申请号201010106727.X.一种软包装用无溶剂聚氨酯胶黏剂.

[11]　中国专利申请号201010252062.3.一种塑料用紫外光固化胶黏剂及其制备方法.

[12]　陈为都.无溶剂双组分聚氨酯胶黏剂的合成与性能研究.广州:中山大学,2009.

[13]　赵有中.软包装用无溶剂聚氨酯胶黏剂的研制.上海化工,2013,(7):10-13.

[14]　田立云.高温蒸煮型无溶剂胶黏剂.中国包装报,2013-3-25(8).

[15]　无溶剂复合工艺特刊.广东包装,2013,12:21.

[16]　陈昌杰主编.塑料薄膜的印刷与复合.北京:化学工业出版社,2004:470.

[17]　Bostik.无溶剂胶黏剂新品推荐.无溶剂复合工艺特刊.广东包装,2013,12:90.

[18]　陈高兵.无溶剂复合工艺及陶氏化学无溶剂胶黏剂的应用.中国包装报,2010-7-5(8).

第五章

无溶剂复合工艺

第一节　无溶剂复合工艺及应用

1. 无溶剂复合的工艺过程

和干法复合相似，完整的无溶剂复合工艺过程，由复合与后熟化两个工序组成。

无溶剂复合的复合工序包括基材的第一放卷、涂胶、基材的第二放卷、复合、收卷等步序。在复合工序，完成胶黏剂对两基材的复合过程，但复合工序出来的复合薄膜，因胶黏剂尚未完成熟化反应（分子的链增长及交联反应），胶黏剂分子量低强度很低、对基材也没有足够的黏结力，不能作为包装材料使用，熟化处理过程中，通过化学反应，胶黏剂从低分子物质转变为高分子物质，不仅自身的强度大幅度增加，对基材的黏结强度也明显提高，使复合材料从原来的两个各自分离的基材，变成一个牢固结合的整体，从而得到一种新的性能优越的包装材料。

2. 无溶剂复合工艺参数简介

① 计量辊与转移钢辊间的间隙，0.08～0.12mm。

② 储胶桶、输送管路与涂布辊的温度：

双组分胶黏剂 35～55℃，根据胶黏剂的具体牌号而定；

单组分胶黏剂 85～90℃。

③ 复合辊温度：比涂布辊的温度略高（如增加 2～5℃）。

④ 涂胶量：0.8～3.0g/m²，依复合结构和产品用途而定。

一般用途、简单结构，0.8～1.2g/m²；

常用镀铝膜复合，1.4～1.6g/m²；

要求较高功能结构，1.6～2.0g/m²；

纸塑复合结构，$2.0\sim3.0\mathrm{g/m^2}$等。

⑤ 固化温度：一般 $35\sim45℃$，根据胶黏剂的具体牌号而定。

⑥ 固化时间：各品牌要有所求不同，一般为 $24\sim48\mathrm{h}$，但完全固化可能需要一周左右。

在实际生产中，有些品牌胶黏剂的固化时间可酌情缩短，比如有的快固化型胶黏剂，固化 $12\mathrm{h}$，即可再次复合；固化 $24\mathrm{h}$，即可分切；固化 $24\sim48\mathrm{h}$，即可制袋，但这需要先试验确认。

3. 无溶剂用复合基材与产品

无溶剂复合理论上可以由任何膜状基材，生产复合薄膜。两基材可以都是塑料薄膜，生产出所谓塑-塑型的复合材料，也可以是金属的铝箔（或者镀铝的塑料薄膜）与塑料薄膜的组合，生产出来的铝-塑复合产品，或者纸张与塑料薄膜复合，生产纸-塑复合产品。随着无溶剂复合设备和胶黏剂的发展、随着无溶剂复合工艺的不断提高，特别是无溶剂胶黏剂新品的开发研究，无溶剂复合产品的品种也会随之日渐增加。目前塑料软包装行业所广泛使用的无溶剂复合工艺生产的产品，已由初期的轻包装薄膜，向重包装发展；从室温使用的复合软包装材料向水煮型及高温蒸煮型发展，应用面已涉及日用品、食品、药品、化妆品等等众多领域。

4. 无溶剂复合涂胶量与产品结构的对应关系例

无溶剂复合涂胶量与基材及应用有关，部分无溶剂复合软包装材料的涂胶量及应用例见表 5-1。

表 5-1　部分无溶剂复合软包装材料的涂胶量及应用例

材料结构	涂胶量/$(\mathrm{g/m^2})$	产品应用例
BOPP/CPP	$1.0\sim1.5$	普通食品、药品包装袋等
BOPP/VMCPP	$1.5\sim2.0$	要求阻隔性较高的食品、药品包装,充气食品等
BOPP/PE	$1.0\sim1.6$	食品、味精、食盐等
BOPP/VMPET/PE	$1.0\sim1.8$	食品、调味品、药品、化妆品等
BOPP/珠光膜	$1.0\sim1.2$	冷饮、保健品、标签等
PET/PE	$1.0\sim1.5$	食品、调味品、豆浆、中医药等
PA/PE	$1.2\sim2.0$	水煮食品、洗涤液、大米、海鲜等
PA/CPP	$1.7\sim2.5$	$121℃$蒸煮食品
纸/塑	$1.6\sim3.0$	方便面碗盖,食盐袋,书刊封面等
纸/铝箔	$1.8\sim3.0$	口香糖、巧克力等包装

5. 药品包装用无溶剂复合薄膜例

鉴于无溶剂复合产品在卫生性能方面的优越性（无残留溶剂之虞），备受食品、药品行业关注，可用无溶剂复合方法生产的药品包装用复合薄膜见表 5-2。

表 5-2　药品包装用复合薄膜的分类

种类	材质	典型示例
Ⅰ	纸、塑料	纸或 PT/胶黏剂层/PE 或 EVA、CPP
Ⅱ	塑料	BOPET 或 BOPP、BOPA/胶黏剂层/ PE 或 EVA、CPP
Ⅲ	塑料、镀铝膜	BOPET 或 BOPP/胶黏剂层/镀铝 CPP，BOPET 或 BOPP/胶黏剂层/镀铝 BOPET/胶黏剂层/PE 或 EVA、CPP、EMA、EEA、离子型聚合物
Ⅳ	纸、铝箔、塑料	纸或 PT/胶黏剂层/铝箔/胶黏剂层/PE 或 EVA、CPP、EMA、EAA、离子型聚合物
Ⅴ	塑料(非单层)、铝箔	BOPET 或 BOPP、BOPA/胶黏剂层/铝箔/胶黏剂层/ PE 或 CPP、EVA、EMA、EEA、离子型聚合物

简要说明：

第Ⅰ类纸塑复合包装材料，一般采用单组分无溶剂胶黏剂复合；

第Ⅱ类塑塑复合包装材料，采用双组分无溶剂胶黏剂复合；

第Ⅲ类塑料、镀铝膜复合包装材料，一般采用双组分无溶剂胶黏剂复合；

第Ⅳ类纸、铝箔、塑料复合包装材料，纸、铝箔复合时采用单组分无溶剂胶黏剂，另一胶黏剂层采用双组分无溶剂胶黏剂复合；

第Ⅴ类塑料（非单层）、铝箔，或需要使用干法复合[1]。

第二节　无溶剂复合典型产品例

无溶剂复合工艺应用初期，多应用于固体形态的一般商品的轻包装袋，以至于在一部分业界朋友的印象中，无溶剂复合工艺的应用领域，仅局限于轻包装袋的生产，随着无溶剂工艺技术的发展，特别是各种高性能的无溶剂胶黏剂的开发应用，无溶剂复合工艺的应用，已经步入重包装、液体包装乃至高温蒸煮袋等商品的生产，可以预期，随着新型无溶剂胶黏剂的开发应用，无溶剂复合的应用领域，将进一步扩大，人们所期望的无溶剂复合的产品完全覆盖干法复合现在的应用领域的愿望，也将从愿望逐步变成现实。

下面我们不妨一起来看看近年来，无溶剂复合在轻包装袋以外的软包装领域中的一些应用。

一、无溶剂复合重包装薄膜

1. 重包装薄膜

所谓重包装薄膜，通常之能够承载 10～50kg 固态颗粒或者粉状物料的包装薄膜。目前重包装带有塑料编织袋、纸塑复合袋、纸袋以及共挤出复合袋 FFS（不同配方的聚乙烯三层共挤出薄膜）等。为了使重包装袋具有更好的强度、热封及印刷等性能，一般采用 PE 为热封层与其他材料如 BOPP 复合，经干法复合制备重包装薄膜的，鉴于干法复合存在大量溶剂挥发，影响人体健康及污染周边环境等重大缺陷。黄山永新股份有限公司，开发了以聚乙烯为热封层、BOPA（或 BOPP、BOPET）为增强层与印刷层的无溶剂复合型重包装薄膜突破了人们头脑中无溶剂复合不能用于生产重包装薄膜的禁区，并申请了发明专利[2]。

2. 无溶剂复合型重包装薄膜

以 PE 薄膜和 BOPA 为基材，以汉高的聚氨酯双组分无溶剂胶黏剂 Liofol UR7780／UR6080（或者 Liofol UR7750／UR6071）为胶黏剂制得重包装薄膜。

实施例：以线型低密度聚乙烯（LLDPE）薄膜为基材，在该基材表面涂双组分聚氨酯无溶剂胶黏剂，涂布温度为 50℃上胶量为 2.6g/m²，LLDPE 薄膜的放卷张力为 15N；涂布好胶黏剂的 LLDPE 薄膜与 BOPA 薄膜复合，制得复合膜，复合张力为 60N，BOPA 的放卷张力为 3N，复合膜的收卷锥度为 15%。收卷后的复合薄膜在湿度 45% RH，温度为 50 的条件下，熟化 36h，得到 15BOPA/90LLDPE 的复合薄膜。

比较例：以 LLDPE 膜和 BOPA 膜为原料，以溶剂型聚氨酯胶黏剂为胶黏剂，采用干法复合机复合制得 15BOPA/90LLDPE 的复合薄膜。

实施例与比较例的复合薄膜对比见表 5-3。

表 5-3　两种复合薄膜的对比

项目	实施例（无溶剂复合）	比较例（干法复合）
上胶量/（g/m²）	2.3	3.5
外观	良好	良好
复合强度/（N/15mm）	4.8	3.8
溶剂残留/（g/m²）	0.234[①]	5.56
热封强度/（N/15mm）	69.86	70.45
跌落性能 1.2m 自由落体 10 次	不破	不破
拉伸强度/MPa	125	109

① 估计溶剂残留物来自印刷时的残留溶剂。

由表 5-3 中的数据可知，无溶剂复合的 15BOPA/90LLDPE 复合薄膜和干法复合的 15BOPA/90LLDPE 复合薄膜，强度及热封性等性能指标相当，完全可以使用无溶剂复合替代干法复合的方法，生产重包装薄膜，而且当采用无溶剂复合替代干法复合生产重包装薄膜时，还具有胶黏剂耗用量少，制品残留溶剂低的优势。

专利还比较了上胶量及熟化条件对产品性能的影响，见表 5-4、表 5-5。

表5-4 上胶量对产品复合强度的影响

试验编号	2	3	4	5	6
上胶量/(g/m²)	2.4	2.6	2.8	3.0	2.2
复合强度/(N/15mm)	3.8	4.3	4.5	4.3	2.6
标准复合强度/(N/15mm)	≥3.5				

表5-5 熟化条件对产品复合强度的影响（标准复合强度≥3.5N/15mm）

单位：N/15mm

温度/℃ \ 时间/h	20	24	26	28	30	32	34	36	72	144
40	6.9 发黏	6.8 发黏	5.5 发黏	5.4 发黏	4.8	4.9	4.8	4.8	4.7	3.8 跳动
45	6.5 发黏	6.7 发黏	5.1 发黏	4.8	4.9	4.8	4.8	4.9	4.2 跳动	3.6 跳动
50	发黏	发黏	发黏	5.0	4.7	4.8	4.8	4.8	4.0 跳动	3.6 跳动
55	6.5 发黏	6.0 发黏	4.7	4.9	4.7	4.5	4.5	3.6 跳动	3.6 跳动	3.2 跳动
60	6.2 发黏	5.6 发黏	5.3	4.4	4.6	4.3	3.8 跳动	3.5 跳动	3.3 跳动	2.2 跳动

表5-4、表5-5的数据表明，用无溶剂复合方法，生产重包装复合薄膜，在涂胶量及熟化条件等方面，都存在较宽的窗口，用无溶剂复合方法，生产重包装复合薄膜在工艺上是完全可行的。

二、无溶剂复合的聚偏二氯乙烯（PVDC）蒸煮复合薄膜

1. 发展聚偏二氯乙烯（PVDC）复合薄膜的意义

肉类食品常用的加工方法主要有两种：一种是常压、较高温度（80～85℃）的巴氏杀菌，另一种是高压、高温下的蒸煮杀菌。蒸煮杀菌时间较短（比如120℃，40min）且灭菌效果突出，能够杀死肉中的所有细菌及孢子，杜绝细菌的生长与繁殖，防止食品的腐败变质，要达到预期的效果，必须使用性能优良的包装材料，即在高温条件下包装袋热封处不开裂、不分层；对氧气、水蒸气及食品的香味有优良的阻隔性；对酸、碱、盐及油脂等稳定性佳；符合食品卫生要求，对人体无毒害作用；易热封并有良好的热封强度。

PVDC吹塑薄膜阻隔性能优良，在23℃条件下，25.4μm的PVDC薄膜透氧率仅1cm³/(m²·24h)或更低；化学稳定性好，卫生性能优良；使用温度范围广，可耐140℃高温及−60℃的低温；且具有良好的透明性，适用于高温蒸煮材料的基材，过去常用干法复合方法，制备食品用高温蒸煮薄膜。

2. 利用无溶剂复合生产聚偏二氯乙烯（PVDC）复合薄膜

樊书德在专利中披露了一种利用无溶剂复合工艺，生产 PVDC 复合薄膜的方法[3]。

如图 5-1 所示，中间层为 PVDC3′分别通过双组分聚氨酯无溶剂胶黏剂（adh）2′与外层 1′和 4′层相连，外层 1′为 PET 或 BOPP 或者 BOPA，里层为 CPP。

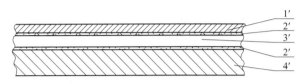

图 5-1　复合薄膜的截面

复合薄膜总厚 86μm。各基材的厚度分别为：PET 层 12μm，adh 层 2μm，PVDC 层 20μm，adh 层 2μm，CPP 层 50μm。

无溶剂胶黏剂为汉高公司的 Liofol 无溶剂胶黏剂，主剂为 UR7745，固化剂为 UR6075，主剂/固化剂＝6/1。

第一步将 PVDC 薄膜与 PET 薄膜复合；第二步将制得的 PET/adh/PVDC 薄膜与 CPP 薄膜复合。

复合加工时的温度参数：混合温度 55℃，上胶辊、计量辊、传胶辊、涂胶辊、涂胶钢辊以及复合压辊的温度均为 78℃。

复合加工时的压力参数：上胶辊、计量辊为 0.7MPa，传胶辊为 0.25MPa，涂胶辊为 0.25MPa，复合压辊为 0.4MPa。

复合加工时的张力参数为：PET 0.1～0.15MPa，PVDC 0.1 MPa，PVDC 0.1 MPa，收卷张力 150N。

该产品的显著特征是：一是透明性好，全光透明度在 90％以上；二是阻隔性优，在 30℃、65％RH 条件下，透氧量在 20cm^3/(m^2·24h·atm)以下。复合薄膜的物理力学性能，详见表 5-6。

表 5-6　复合薄膜的物理力学性能

序号	项目	性能指标值			
		蒸煮前		121℃蒸煮后	
		标准	实测值	标准	实测值
1	拉伸强度(纵/横)/MPa	≥45/60	68/100	—	
2	断裂伸长率(纵/横)/%	≥40	64/43	—	
3	撕裂力(纵/横)/N	≥10	12/10	—	
4	2％正割模量(纵/横)	600～800	695/757	—	

续表

序号	项目		性能指标值			
			蒸煮前		121℃蒸煮后	
			标准	实测值	标准	实测值
5	热封强度/N		≥30	42~43	24	35.7~36.3
6	剥离力/N	PET/PVDC	≥5	不可剥离	≥4	4.8
		BOPP/PVDC	≥5	不可剥离	≥4	4.8
		PVDC/CPP	≥5	6	≥4	5.6
7	透氧性通过量 /[cm³/(m²·24h·atm)]		≤20	7.9	—	
8	水蒸气通过量 /[g/(m²·24h·atm)]		≤15	1.6	—	
9	抗摆锤冲击性/J		≥1	1.5	—	
10	100℃热水收缩率(纵/横向)/%		≤1	−0.2/−0.1	—	
11	耐热耐介质性		包装膜无明显变形、无明显分层			

该复合薄膜适于121℃蒸煮杀菌的各种肉食、带汤食品包装。

3. 无溶剂复合生产 PVDC 复合薄膜的优势

由于无溶剂复合的整个过程中，都在低温下进行的，利用无溶剂复合生产 PVDC 复合薄膜，较之利用干法复合的方法生产 PVDC 复合薄膜，还有一个明显的优势，就是薄膜不需要进行预处理。而干法复合时，就必须把 PVDC 薄膜的收缩率降低到和 CPP 相当，需要将 PVDC 薄膜加热到 90℃左右，使它预收缩，不仅增加了工序，还需切除两边不均匀处，致生产成本大幅度上升。

三、无溶剂复合的镀铝薄膜的复合薄膜

1. 发展镀铝薄膜的复合薄膜的意义

镀铝复合薄膜是将 VMPET、VMBOPP、或 VMPE 等镀铝薄膜与透明塑料薄膜复合而成的一种带有铝光泽的、具有阻隔性的软包装材料，其优良的金属光泽、良好的阻隔性能、生产方便价格低廉等优点，广泛应用于食品、保健品、医药、化妆品的外包装，尤其在干燥膨化食品上大量使用。

2. 利用无溶剂复合方法替代复合生产镀铝复合薄膜

过去镀铝复合薄膜采用干法复合生产，黄山永新股份有限公司利用无溶剂复合方法替代传统的广泛复合，生产镀铝复合薄膜并申请了专利[4]。

3. 无溶剂复合与干法复合的对比

该发明提供一种制备镀铝复合薄膜的方法，包括向镀铝聚酯博膜的铝表面涂布 2.6~3.0g/m² 的无溶剂胶黏剂，将涂布无溶剂胶黏剂的镀铝膜与外层膜（聚

乙烯）进行复合，镀铝薄膜的放卷张力为 10～15N，聚乙烯薄膜的张力为 1～5N，复合张力为 45～55N，将制得的复合膜收卷，收卷锥度为 5%～15%，然后熟化处理，熟化温度为 45～55℃，熟化时间为 25～35℃，熟化室相对湿度为 40%～50%，经熟化得到镀铝复合膜。

由于使用无溶剂胶黏剂，复合薄膜基本上没有溶剂残留，对包装内容物、生态环境和人体的影响均较小。

所制备的 12PET/12VMPET/40LLDPE 的复合薄膜，上胶量为 3.7g/m²，残留溶剂量为 0.13g/m² 以下，复合强度可达 1.2～1.6N/15mm，拉伸强度可达 109MPa。

实施例：以 VMPET 为基材，在其表面涂双组分聚氨酯胶黏剂，涂布温度 50℃，上胶量 2.6g/m²，VMPET 薄膜的放卷张力为 3N，将涂布了胶黏剂的 VMPET 薄膜与 PE 薄膜复合，得到复合薄膜，复合张力为 50N，PE 薄膜的放卷张力为 3N；将复合薄膜收卷，收卷锥度为 10%；将收卷的复合薄膜在湿度 45%RH，温度 50℃ 的条件下熟化 30h，得到 12VMPET/40PE 复合薄膜；

以所述的 12VMPET/40PE 复合薄膜为基材，在所述 VMPET 膜的 PET 层表面涂布双组分聚氨酯胶黏剂，涂布温度为温度 50℃，上胶量为 1.1g/m²，复合膜的放卷张力为 18N；将涂布了胶黏剂的复合膜与 PET 复合，得到复合膜，复合张力为 80N，PET 膜的放卷张力为 2N；将复合膜收卷，收卷锥度为 25%；收卷后的复合膜在湿度 45%RH、温度 50 的条件下熟化 30h，得到 12PET/12VMPET/40PE 复合薄膜。

对所述的 12PET/12VMPET/40PE 复合薄膜进行性能测试，结果见表 5-7。

比较例：以 PET 膜、VMPET 膜和 PE 膜为原料，以溶剂型聚氨酯胶黏剂为胶黏剂，采用干法复合机进行复合，得到 12PET/12VMPET/40PE 复合薄膜。

对所述的 12PET/12VMPET/40PE 复合薄膜进行性能测试，结果见表 5-7。

表 5-7 实施例和比较例的复合薄膜的性能测试结果

项目		实施例	比较例
上胶量/(g/m²)		3.7	5.8
外观		良好	良好
复合强度/(N/15mm)	外层	1.6	1.0
	内层	2.17	2.5
溶剂残留量/(g/m²)		0.134	4.32
热封强度/(N/15mm)		42.35	44.56
透氧性/[g/(m²·24h)]		0.34	0.43
易撕性能		良好	良好
拉伸强度/MPa		109	103

由表可以看出，无溶剂复合所制备的 12PET/12VMPET/40PE 复合薄与干法复合制得的 12PET/12VMPET/40PE 复合薄膜，热封强度及拉伸强度等性能相当，但上胶量和溶剂残留量均较少，且外层的复合强度较高。

四、无溶剂复合的铝箔复合包装材料

黄山永新股份有限公司在专利中，披露了无溶剂复合的铝箔复合包装材料的制造方法[5]。

1. 无溶剂复合的铝箔复合包装材料的一般情况

与传统的干法复合相比，该发明首先在基材的表面涂上无溶剂型胶黏剂，然后将涂布了无溶剂胶黏剂的基材与铝箔复合，经收卷、熟化处理得到铝塑复合包装材料。发明的无溶剂胶黏剂的上胶量控制为 $2.4 \sim 3.0 g/m^2$，将基材与铝箔的复合张力控制为 $75 \sim 85N$，降低胶黏剂用量的同时使得到的铝箔复合包装材料具有较好的复合强度。由于无需使用溶剂，本发明的铝塑包装材料基本不产生溶剂残留，因此对所包装的内容物、生态环境和人体健康产生的影响均较小。本发明制备的 40g 食品纸/Al/PE 复合膜的干基上胶量为 $5.0 g/m^2$，溶剂残留量为 0，阻氧性能可达 $0.23 cm^3/(m^2 \cdot 24h \cdot 0.1MPa)$，阻湿性能可达 $0.020 g/(m^3 \cdot 24h)$，拉伸强度可达 78MPa。

当所述基材为纸时，无溶剂胶黏剂选用聚醚型聚氨酯或者聚酯型聚氨酯，如德国汉高生产的 UR7515 或者 UR7735-24 等；当基材为高分子薄膜时，无溶剂胶黏剂选用双组分聚氨酯胶黏剂如汉高公司的 Liofol UR7780/UR6080 或者 Liofol UR7750/UR6071 等，当上胶量低于 $2.4 g/m^2$ 时，铝箔复合薄膜的复合强度降低，达不到要求高于 $3.0 g/m^2$ 时，不仅铝箔复合包装材料的复合强度有所降低且浪费胶黏剂。

涂布温度 $42 \sim 48℃$，涂布温度是关键性因素，温度低时胶黏剂的黏度较大，涂布均匀性较差；但过高的温度会影响胶黏剂的盘寿命，所述盘寿命为胶黏剂在胶槽中的有效使用时间。

复合过程中，控制复合张力为 $75 \sim 85N$ 之间复合张力是影响复合材料性能的关键性因素，复合张力过小时，得到的铝箔复合包装材料断面存在隧道；复合张力过大时铝箔复合包装材料的断面会起皱。

在铝箔复合包装材料的设备过程中，基材的放卷张力和铝箔的放卷张力也是影响复合材料性能的关键性因素，发明中基材的放卷张力（无溶剂涂胶前基材的放卷张力）为 $15 \sim 20N$，更优选为 $17 \sim 19N$，铝箔的放卷张力（复合时铝箔的放卷张力）为 $1 \sim 3N$，更优选为 2N。两张力的协调，使复合材料具有良好的平整度和综合性能。

收卷锥度优选为 $20\% \sim 30\%$。更优选为 $22\% \sim 28\%$。

熟化条件：当基材为纸时，熟化温度为40～45℃更优选为42～48℃；熟化时间优选为20～40h更优选25～35h，熟化处理湿度优选为60%～89%RH，更优选为65%～75%RH，当基材为高分子聚合物薄膜时，熟化温度优选为50～60℃，更优选为52～58℃，熟化时间优选为80～90h，更优选为85～89h；熟化湿度优选为30%～50%RH，更优选为35%～48%RH。在基材为高分子聚合物薄膜时，优选经过里印处理，要避免油墨对无溶剂胶黏剂产生不良影响，得到铝箔复合包装材料后，优选所述铝箔复合材料为基材，与第二高分子聚合物薄膜进行复合，优选包括以下步骤：

将所述铝箔复合包装材料涂布无溶剂胶黏剂；

将所述的涂布无溶剂胶黏剂后的铝箔复合材料与第二高分子聚合物薄膜复合；

将得到的复合材料收卷；

收卷后的复合薄膜进行熟化处理；

以得到的铝塑复合包装材料为基材，进行无溶剂胶黏剂的涂布时，无溶剂胶黏剂的优选量为2.0～3.0g/m²，更优选为2.6～3.0g/m²，该无溶剂胶黏剂与铝箔复合包装材料中的无溶剂胶黏剂的类型相同；

涂布无溶剂胶黏剂后的铝箔复合包装材料与第二高分子聚合物薄膜进行复合，所述复合张力优选为40～60N，更优选为45～55N；所述铝箔复合包装材料的放卷张力优选为10～15N，所述第二高分子薄膜的放卷张力优选为2～5N。所述第二高分子薄膜优选为聚丙烯、聚对苯二甲酸乙二醇酯薄膜、聚乙烯薄膜或者聚酰胺薄膜，更优选为聚对苯二甲酸乙二醇酯薄膜。

复合薄膜的收卷锥度优选为5%～15%，更优选为8%～12%。

发明所制得的40g食品纸/Al/PE复合薄膜干基上胶量为5.0g/m²，溶剂残留量为0，阻氧性能可达0.023cm³/(m²·24h·0.1MPa)，拉伸强度可达78MPa。

实施例中，铝箔购自海利达公司，厚度为7μm的南山铝业的铝箔；

2.PET/铝箔/CPP复合薄膜

实施例1：以40g食品纸为基材，在食品纸表面上涂无溶剂胶黏剂，胶黏剂为汉高公司的UR7515。涂胶条件为：涂胶温度45℃，涂胶量2.4g/m²；该涂布胶黏剂的食品纸与铝箔复合，食品纸的放卷张力为18N，铝箔的放卷张力为2N，复合张力为80N。复合材料的收卷锥度为25%。复合材料收卷后在湿度为75%RH、温度为45℃条件下熟化30h，得到食品纸/铝箔复合薄膜。以所制得的食品纸/铝箔复合薄膜为基材，在其铝箔的表面涂布汉高公司的牌号为UR7515的无溶剂胶黏剂，涂布条件为温度45℃，上胶量2.6g/m²；涂布好胶黏剂的食品纸/铝箔复合薄膜，与30μm的聚乙烯薄膜复合，食品纸/铝箔复合薄膜的放卷张力为 12N，聚乙烯薄膜的放卷张力为 3N，复合张力为 50N，复合薄膜的收卷锥度为 10%，收卷后复合薄膜在湿度 75%RH、温度 45℃条件下熟化 30h，得到食品纸/铝箔/聚乙烯薄膜的复合薄膜。该复合薄膜的性能测试结果见表 5-8。

比较例 1：以 40g 食品纸、铝箔和 30μm 的聚乙烯薄膜为原料，以溶剂型聚氨酯胶黏剂为胶黏剂，用干法复合机进行复合，得到食品纸/铝箔/聚乙烯薄膜的复合薄膜。对所述复合薄膜进行性能测试，结果见表 5-8。

表 5-8 无溶剂复合与干法复合的食品纸/
铝箔/聚乙烯薄膜的复合薄膜性能对比

项目		实施例 1	比较例 1
上胶量/(g/m²)		5.0	8.3
外观		良好	良好
复合强度/(N/15mm)	外层	拉毛	拉毛
	内层	转移到纸张	转移到纸张
溶剂残留/(g/m²)		0	23.8
热封强度/(N/15mm)		33.4	32.6
阻氧性/[cm³/(m²·24h·0.1MPa)]		0.023	0.025
阻湿性/[g/(m²·24h)]		0.020	0.021
易撕性		良好	良好
拉伸强度/MPa		78	63

由表 5-8 可知，无溶剂复合的纸/铝箔/聚乙烯薄膜的复合薄膜与干法复合的纸/铝箔/聚乙烯薄膜的复合薄膜，在阻隔性、热封强度、拉伸强度及复合强度等性能指标相当，上胶量及残留溶剂量方面无溶剂复合产品则明显低于干法复合产品。

3. PET/铝箔/CPP 型复合薄膜

实施例 2：以 12μm 厚的 PET 薄膜为基材，在该薄膜表面上涂无溶剂胶黏剂（汉高公司的 Liofol UK7750/UR6071，7750 与 6071 的质量比为 6/1），涂布温度为 45℃，上胶量为 2.6g/m²，PET 的放卷张力为 18N，涂好胶黏剂的 PET 薄膜与铝箔复合，铝箔的放卷张力为 2N，复合张力为 80N。将该复合薄膜收卷，收卷锥度为 25%，得到的卷膜在湿度 45%RH，温度 55℃条件下熟化 86h，得到 PET/铝箔的复合膜。该膜在铝箔的表面涂上无溶剂胶黏剂（汉高公司的 Liofol UK7750/UR6071，7750 与 6071 的质量比为 6/1），涂布温度为 45℃，上胶量为 2.6g/m²。将涂布了无溶剂胶黏剂的 PET/铝箔的复合膜与 60μm 厚的 CPP 薄膜复合，PET/铝箔的放卷张力为 12N，CPP 薄膜的放卷张力为 3N，复合张力为 50N，复合料收卷锥度为 10%。收卷后的薄膜在 45%RH、55℃的条件下熟化

86h，得到 PET/铝箔/CPP 复合薄膜。该复合薄膜经检测，性能指标如表 5-9 所示。

比较例 2：以 $12\mu m$ 厚的 PET 薄膜、铝箔及 $60\mu m$ 厚的 CPP 薄膜为原料，以溶剂型聚氨酯胶黏剂为胶黏剂，采用干法复合机进行复合，得到 PET/铝箔/CPP 复合薄膜。该膜的性能指标见表 5-9。

由表 5-9 可见，无溶剂复合所生产的 PET/铝箔/CPP 复合薄膜与干法复合所生产的 PET/铝箔/CPP 复合薄膜，性能相当，在溶剂残留及上胶量方面，无溶剂复合产品优势明显。

表 5-9 无溶剂复合与干法复合的
PET/铝箔/CPP 复合薄膜的性能对比

项目		实施例 2	比较例 2
上胶量/(g/m^2)		4.6	7.6
外观		良好	良好
复合强度/(N/15mm)	外层	3.6	3.7
	内层	5.2	4.9
溶剂残留/(g/m^2)		0.23	3.45
热封强度/(N/15mm)		45.67	42.43
阻氧性/$[cm^3/(m^2 \cdot 24h \cdot 0.1MPa)]$		0.013	0.014
阻湿性/$[g/(m^2 \cdot 24h)]$		0.012	0.013
易撕性		良好	良好
拉伸强度/MPa		118	119

比较例 3～5：以 40g 食品纸和铝箔为原料，以汉高公司的 UR7515 无溶剂胶黏剂为胶黏剂，采用实施例 1 提供的方法，按照表 5-10 的参数制备复合薄膜，得到的产品断面有隧道效应。

表 5-10 发明比较例 3～5 提供的食品纸/铝箔复合材料的工艺参数

项目	比较例 3	比较例 4	比较例 5
食品纸放卷张力/N	12	15	18
铝箔张力/N	3	3	5
复合张力/N	50	60	70
收卷锥度/%	10	15	20

由比较例 3～5 所知，在进行铝箔复合时，工艺参数若不满足发明的范围时，得到的复合材料断面存在隧道。

比较例 6～8：以 12μm PET 薄膜、铝箔为原料，以汉高公司的无溶剂胶黏剂 Liofol UK7750 和 UR6071 为胶黏剂，7750 与 6071 的质量比为 6/1，采用实施例 2 的制备方法，按照表 5-11 提供的参数，进行 PET/铝箔的复合，得到的复合材料断面有隧道。

表 5-11　发明比较例 6～8 提供的食品纸/铝箔复合材料的工艺参数

项目	比较例 6	比较例 7	比较例 8
PET 放卷张力/N	12	15	18
铝箔张力/N	3	3	5
复合张力/N	50	60	70
收卷锥度%	10	15	20

由比较例 6～8 所知，在进行铝箔复合时，工艺参数若不满足发明的范围时，得到的复合材料断面存在隧道。

实施例 3～10：按照实施例 1 提供方原料、方法和步骤制备食品纸/铝箔复合材料，区别在于按照表 5-12 中所设的上胶量，得到复合材料的复合强度见表 5-12。表 5-12 为本发明实施例 3～10 的复合材料的上胶量及相应的复合强度。

表 5-12　实施例 3～10 的复合材料的上胶量及相应的复合强度

实施例	3	4	5	6	7	8	9	10
上胶量/(g/m²)	1.6	1.8	2.0	2.2	2.4	2.6	2.5	3.0
复合强度/(N/15mm)	0.23	0.57	1.22 (纸张拉毛)	1.25 (纸张拉毛)	1.24 (纸张拉毛)	纸张拉毛	纸张拉毛	纸张拉毛
复合强度标准/(N/15mm)	≥2.0							

由表 5-12 中数据可知，当上胶量较低时，复合产品的复合强度达不到标准的要求。

实施例 11～18：按实施例 2 提供的原料、方法和步骤制备 PET/铝箔复合材料，区别在于按照表 5-13 控制上胶量，得到的复合强度见表 5-13。

表 5-13　发明实施例 11～18 提供的复合材料的上胶量及复合强度

实施例	11	12	13	14	15	16	17	18
上胶量/(g/m²)	1.6	1.8	2.0	2.2	2.4	2.6	2.5	3.0
复合强度/(N/15mm)	1.5	2.3	3.2	3.4	3.6	4.4	4.5	4.2
复合强度标准/(N/15mm)	≥3.5							

由表知，本发明的制备方法，上胶量低时得到的复合材料的复合强度不能满足标准要求；上胶量过高时，得到的复合材料强度反而下降，造成胶黏剂的浪费。

五、无溶剂复合的液体包装复合材料

1. 发展无溶剂复合的液体包装复合材料的意义

哈尔滨鹏程塑料彩印有限公司，在专利中披露了一种应用无溶剂复合工艺，制备液体包装用纸塑复合材料的方法[6]。解决了现有液体包采用玻璃瓶造价高、易破裂的问题。

2. 无溶剂复合的液体包装复合材料的结构

该纸塑复合材料结构为：防护层、印刷层、纸张、防渗透涂层、第一聚氨酯胶黏剂层、尼龙薄膜、第二聚氨酯胶黏剂层和聚乙烯薄膜，见图5-2。

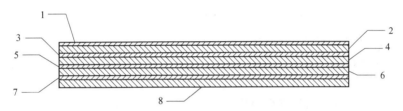

图5-2 液体包装复合材料结构示意图
1—防护涂层；2—印刷层；3—纸张；4—防渗透涂层；
5—单组分聚氨酯胶黏剂层；6—尼龙薄膜层；7—双
组分聚氨酯胶黏剂层；8—聚乙烯薄膜层

3. 无溶剂复合的液体包装复合材料工艺

其制造步骤为：

① 通过凹版印刷机，对 $50\sim90g$ 的卷纸进行 $1\sim7$ 色的印刷；

② 在印刷层的外表面涂布磨砂光油，形成防护涂层，磨砂光油的干基涂布量为 $2.0\sim3.0g/m^2$；

③ 在纸张的下表面涂布无苯无酮的无色印刷层，形成防渗透层，无色油墨的干基涂布量为 $2.0\sim3.0g/m^2$；

④ 通过无溶剂复合，将双组分的聚氨酯胶黏剂涂在尼龙薄膜的下表面，使尼龙薄膜与聚乙烯薄膜的上表面进行复合，胶黏剂的涂布量为 $2.0\sim3.0g/m^2$；

⑤ 所得复合薄膜在 $30\sim35℃$ 温度下进行 36h 熟化；

⑥ 通过无溶剂复合机将单组分的聚氨酯胶黏剂涂布纸尼龙薄膜的上表面，

单组分的聚氨酯胶黏剂涂布量为 $2.5\sim3.5\,g/m^2$；使尼龙薄膜与防渗透涂层的下表面进行复合，并在复合过程中，通过超声波加湿器对复合环境进行加湿处理，环境湿度控制在 $40\%\sim60\%RH$ 的范围内；

⑦ 对该纸塑复合薄膜在 $30\sim35℃$ 的温度下进行 $36\sim48h$ 的熟化；

⑧ 将所得复合薄膜分切成所需宽度。

该发明在印刷后的纸张表面涂布一层磨砂光油，进行防护处理解决生产过程及产品流通中，水对纸张表面影响的问题；在纸张的下表面通过涂布无色油墨进行了防渗透处理，解决单组分聚氨酯胶黏剂渗透对纸张表面颜色的影响的问题；采用尼龙为基材提高了复合材料的强度与抗冲击性；内膜使用食品级聚乙烯薄膜，适应了包装材料的卫生性能的需求。

六、无溶剂复合的高温蒸煮袋

成都市兴恒泰印务有限公司在中国专利中，披露了高温蒸煮袋（BOPA0.015/RCPP0.065）的制造方法[7]。

1. 无溶剂复合的高温蒸煮袋生产工艺过程

将第一薄膜BOPA放入 $(23\pm2)℃$、湿度 $(60\pm5)\%$ 的房间进行 $8h$ 预处理后，并将第一薄膜装在第一放卷装置上并按薄膜复合走向穿过导向辊；将胶黏剂、涂胶装置和复合热鼓进行预热；将第二薄膜装在第二放卷装置上并按薄膜复合走向穿过导向辊；调节涂胶装置的上胶量，直到符合生产需要，将电机开启到正常生产车速进行生产；将收卷后的复合膜放入温湿度为 $(35\pm2)℃$、$(60\pm5)\%$ 的熟化室处理 $96h$；以及，将熟化处理好的复合膜进行自然冷却。

2. 无溶剂复合的高温蒸煮袋生产工艺的优势

与现有技术中的干法复合膜的复合工艺及装置相比，本方案的工艺及装置的有益效果为：

该法不使用有机溶剂，不仅节约了该部分材料采购成本，还杜绝了有机溶剂对环境的污染及其残留对人体的危害，同时，无烘干装置的采用，又大大地降低了能源消耗；生产的高温杀菌用食品塑料包装复合膜、袋上胶量 $2\sim2.5\,g/m^2$ 不足干法复合的一半，生产速率可达 $350\sim400\,m/min$，大大提高了生产效率，有效地降低了综合生产成本。

3. 无溶剂复合的高温蒸煮袋的性能与应用

该法能够在一定的环境温度下，利用空气湿度，改善和调节薄膜特性，使胶黏剂与两层基材薄膜形成更加牢固而富有一定弹性的复合膜、袋，其能承受 $121\sim130℃$ 高温杀菌，且质量非常稳定，广泛适用于要求保质期较长的肉制品、蛋制品、豆制品等方便、即食食品的包装及其储存。无溶剂复合与干法复合的高温蒸煮袋的性能对比见表5-14。

表 5-14　无溶剂复合与干法复合的高温蒸煮袋的性能对比

工 艺 方 法	BOPA/RCPP 高温蒸煮袋的性能指标		
	剥离力/(N/15mm)	热封强度/(N/15mm)	抗摆锤冲击能/J
本发明(无溶剂复合)	6.53	57.77	1.45
干法复合	5.16	45.65	1.19

　　专利提供的情况告诉我们，部分朋友对利用无溶剂复合工艺生产蒸煮复合薄膜的疑虑是没有必要的，只要胶黏剂品种选择得当，工艺控制合理，无溶剂复合不仅能够生产出合格的蒸煮薄膜，甚至能够生产出质量优于传统的、干法复合方法所生产的蒸煮薄膜。

　　此外无溶剂复合装置取消了烘干装置，使装置结构设计小巧紧凑，场地和空间占用较小，有效节约了空间资源；该装置每天连续生产时，至少可以节约1000kW·h 电能。

七、无溶剂复合生产的复合转移喷铝纸

　　1. 复合转移喷铝纸的结构

　　上海绿新包装材料科技股份有限公司，在实用新型[8]中披露了一种利用无溶剂复合生产的复合转移喷铝纸。该复合转移喷铝纸共四层，依次为基纸层、胶黏剂层、镀铝层和离型层。

　　2. 无溶剂复合生产的复合转移喷铝纸的优势

　　生产过程中采用了无溶剂复合工艺，替代了传统的干法复合工艺，从而消除了利用干法复合生产转移喷铝纸生产过程中，能量耗费量大、有机溶剂排放量大等固有缺陷，达到节能、环保的目的。

　　3. 实施例

　　利用无溶剂复合生产的复合转移喷铝纸实例如下。

　　① 涂布：将离型剂以网纹辊涂在厚 $16\mu m$ 的 PET 薄膜上，然后再 130℃、车速 120m/min 的条件下干燥，制得离型纸层 4。

　　② 镀铝：采用 10～4mbar 真空在上述制备的离型层上，喷镀铝层 3，铝层 3 的厚度为 400Å。

　　③ 复合：以 230g 的白卡纸为基纸 1，在基纸 1 的光面上均匀涂布聚氨酯无溶剂复合胶黏剂，得胶黏剂层 2，然后将胶黏剂层与上述制备的铝层 3 复合。复合加热温度为 85℃，复合速度为 100m/min。

　　④ 剥离：上述复合产品在室温下熟化 48h，然后揭去 PET 薄膜，即得转移喷铝纸。

　　由该实用新型我们不难看出，无溶剂复合不仅可以替代干法复合，生产常规的塑料软包装材料，而且也可以考虑用于生产转移喷镀纸之类的干法复合的传统

产品。

第三节　无溶剂复合要点与工艺关键控制点

和其他塑料软包装材料的生产工艺一样，要制得性能优良的产品，必须满足三个基本条件：第一是要有性能良好的设备；第二是选用适当的原辅材料；第三是要有严格的工艺管控。

无溶剂设备、原辅材料，在第一章薄膜类塑料包装材料、第三章无溶剂复合设备、第四章无溶剂胶黏剂中已分别作了比较详细的介绍，这里拟就无溶剂复合的工艺，作进一步的说明[9,10]。

一、无溶剂复合生产要点

要获得性能优良无溶剂复合产品，首先必须具有性能优良的无溶剂复合机及周边设备以及良好的维护、保障措施；同时必须具有基材、胶黏剂及油墨的合理匹配；合理的工艺条件的制定与应用，也是必不可少的。

1. 无溶剂复合机及周边设备选用以及良好的维护、保障措施

无溶剂复合机的基本条件是必须具有良好的张力控制系统。放卷张力、复合张力以及收卷张力都必须能够根据基材的需要，做到精确控制、稳定运行；具有良好的涂布系统，涂布系统要求涂布均匀并在设定的涂布量范围之内，灵活调节，同时要具有良好的温控系统，根据胶黏剂的特性，设定相应的涂布温度；胶黏剂的供胶、混胶系统，在整个复合过程中，供应的胶黏剂量及胶黏剂的配比保持稳定。

为了确保设备的正常运转，接入电网的电压必须具有良好的稳定性，电压的波动应控制在 10% 以内，必要时应当配置稳压电源；配套的气源需清洁干燥，压力不低于 0.6MPa；配套水源应当具有良好的清洁度，最后应用不结垢的无离子水，水压在 $4kgf/cm^2$ 以上。

为了确保涂胶与复合效果，防止异物及部分交联的胶黏剂混入胶黏剂中是特别重要的，因此每次停机前以及生产过程中，因异物或交联胶黏剂的出现，停机清理时，必须认真做好清洁工作，保证清洁效果，确保清洁之后，涂胶、复合系统中，没有异物及残留胶黏剂的存在。上胶状况在复合中起着决定性作用，所以需要特别注意保持涂胶系统的钢辊及橡胶辊的表面清洁度，且要求无划伤、擦痕，如辊筒表面受损，应及时更换（辊上的划伤和擦痕肯定会在最终产品的表面产生周期性的重复出现的条纹，影响产品外观）。

一般地讲，塑料软包装材料的生产过程，均应当具有一个清洁的生产环境，由于无溶剂复合胶黏剂的用量明显地低于干法复合的胶黏剂用量，因而一旦基材

的表面，有尘埃颗粒存在，即可能出现胶黏剂的缺失，使复合产品外观质量问题：出现类似于火山口似的"气泡"，因此保持良好的车间清洁度，对于无溶剂复合，具有更大的意义。

此外，双组分无溶剂胶黏剂的主剂是端基为异氰酸酯类化合物，极易和空气中的水分发生化学反应产生气泡并影响后继的熟化过程，因此，生产车间的湿度，应控制在75%RH以下，以避免因空气中的大量水分与无溶剂胶黏剂的主剂发生化学反应，从而避免复合薄膜中因二氧化碳生的存在产气泡以及熟化交联度下降复合物的机械强度低下的问题产生。

2. 基材及胶黏剂等原辅材料

基材及胶黏剂等原辅材料的选用必须满足产品的要求。

透明的复合软包装材料，所用的基材必须都是透明的，常用的透明基材有BOPP、PET、BOPA、CPP、PE、K-BOPP、K-PET、K-BOPA、K-CPP、PVA涂布的BOPP、PVA涂布的PET、PVA涂布的BOPA、PVA涂布的CPP等；

非透明的（阻隔可见光透过的）复合软包装材料，至少有一个基材是不透明的，常用的不透明基材有纸张、铝箔、VMBOPP、VMPET、VMBOPA、VMCPP等。

生产阻氧的阻隔性复合软包装材料，基材中至少要一种是阻氧性良好的基材，常用的基材中高阻隔性基材有铝箔、含EVOH层的薄膜，K-BOPP、K-PET、K-BOPA、K-CPP、PVA涂布的BOPP、PVA涂布的PET、PVA涂布的BOPA、PVA涂布的CPP等；阻隔性基材有PET、BOPA等；

生产高阻隔水蒸气的复合软包装材料，则应选择铝箔、K-BOPP、K-PET、K-BOPA、K-CPP等基材，若需一般的水蒸气阻隔性，则有一层PE或者CPP层即可；

为了热封制袋的需要，复合软包装材料，通常应当具有较好的热封合性能，需要应用热封层，用于热封层的基材通常采用PE或者CPP薄膜，其中PE薄膜的热封温度较低，使用温度也较低，除了HDPE薄膜可用于120℃蒸煮薄膜的热封层之外，一般PE薄膜只能用于常温及水煮型复合软包装材料的热封层。

胶黏剂的应用，更是一个值得关注的问题。单组分无溶剂胶黏剂是依靠胶黏剂端基和空气中的水分发生化学反应而熟化的，熟化时伴有二氧化碳的产生，二氧化碳需要通过基材散逸到大气中，因此采用单组分无溶剂胶黏剂的产品，必须有一种基材是透气性良好的基材纸张或者无纺布之类的材料。无溶剂复合中，大量应用的是双组分无溶剂胶黏剂，双组分无溶剂胶黏剂，有普通轻包装复合薄膜用胶，水煮型复合薄膜用胶（有的无溶剂胶黏剂生产厂家两者合一）、抗爽滑剂型胶黏剂、塑塑复合高温蒸煮用胶黏剂、铝塑复合高温蒸煮用胶黏剂、PAA快衰减型胶黏剂等，如何经济而又确保使用性能上的需求，就得在日常生产中不断积累经验、多与胶黏剂生产单位沟通、交流，拓宽知识面并灵活应用。

比如普通的轻包装复合薄膜，我们价廉易得的角度出发，可以选用 BOPP、LDPE 和普通无溶剂胶黏剂就行了，但如果要高温蒸煮，用 BOPP 和 LDPE 的组合就不行了，在选择基材的时候，必须考虑阻隔性（或高阻隔性）的需要以及耐高温的需要，我们只能选择 BOPET（或者 BOPA 甚至引入铝箔层）以获取高温与阻隔的性能，热封层也不可用 LDPE 而必须选用耐热性良好 CPP 薄膜或者 HDPE，特别是所用的胶黏剂也必须使用蒸煮型胶黏剂，在蒸煮型胶黏剂中，有不同耐热级的以及塑塑用和铝塑用的胶黏剂，不能误用，否则可能带来严重的后果；在胶黏剂的选择方面，还面临着诸如油墨的适应性和爽滑剂的适应性，以及食品包装用复合材料用胶黏剂在熟化过程中 PAA 的高衰减速度等许多问题。

此外，和干法复合一样对复合基材特别是各种塑料薄膜类基材的表面状况，要高度重视，严格监控薄膜的表面张力，通过电晕处理，将基材的表面张力，控制在一个可接受的范围之内。目前大家比较公认的是：

PET$\geq$50mN/m，PA$\geq$50mN/m，CPP$\geq$38mN/m，LDPE$\geq$38mN/m，CPE$\geq$38mN/m，BOPP$\geq$38mN/m，VMPET$\geq$42mN/m，VMCPP$\geq$36mN/m

合理的电晕处理，对改善胶黏剂与基膜间的黏结强度，有十分明显的效果。目前大家公认的电晕处理效果主要源于下述两个方面：

① 基膜的表面糙化作用。电晕处理时，基膜在高压电场下受到电子流强有力的冲击，使表面起毛，变得粗糙，形成坑穴，增加表面积，当胶黏剂与其表面接触时，可产生良好的浸润效果，胶黏剂会渗透到被拉毛了的凹沟里去，起到"抛锚"作用，增加粘接牢度。

② 基膜表面极性增强。在高压电场下，空气中的氧气被电离变成臭氧，臭氧又不稳定，会快速分解成氧气和新生态的氧原子：

$$3O_2 \longrightarrow 2O_3$$

$$O_3 \longrightarrow O_2 + [O]$$

而新生态的氧原子是十分强烈的氧化剂，能对聚乙烯或聚丙烯分子中的 α-碳进行氧化，使其变为羰基或羟基：

$$\begin{array}{ccc}
\text{—}\!\!\left[\!CH_2\text{—}CH_2\text{—}\underset{\underset{R}{|}}{CH}\text{—}CH_2\!\right]_{\!n} & \xrightarrow{\ [O]\ } & \text{—}\!\!\left[\!CH_2\text{—}\underset{\underset{R}{|}}{\overset{\overset{O\ \ H}{\|\ \ |}}{C}}\text{—}CH_2\!\right]_{\!n}
\end{array}$$

$$\begin{array}{ccc}
\text{—}\!\!\left[\!CH_2\text{—}\underset{\underset{R}{|}}{\overset{\overset{O\ \ H}{\|\ \ |}}{C}}\text{—}CH_2\!\right]_{\!n} & \longrightarrow & \text{—}\!\!\left[\!CH\text{—}\underset{\underset{R}{|}}{\overset{\overset{OH}{|}}{C}}\text{=}CH_2\!\right]_{\!n}
\end{array}$$

这个过程是化学反应过程。

有了这种结构后，分子极性增大，表面张力提高，对具有很大极性的聚氨酯胶黏剂产生很大的亲和力、吸引力，增加粘接牢度。

另外，由于产生了羰基，又使分子链中再产生新的 α-碳，出现了新的活泼氢。这种活泼氢和羟基正好能与聚氨酯胶黏剂分子中的活泼性基团异氰酸根（—NCO）进行化学反应，使被粘材料和胶黏剂之间生成化学键，更增加了它的粘接牢度。从红外光谱检测可以发现，经过电晕处理后的聚烯烃表面，在谱线上有羰基或羟基吸收峰存在，证明上述这种化学作用是存在的。

从高倍放大了的电子显微镜图来看，未经处理的聚乙烯膜照片，表面平整光洁，而经过处理的照片，表面就毛糙，凹凸不平。

电晕处理得当，可以提高无溶剂复合产品的黏合强度，这是毫无疑义的，但并不是电晕处理强度越大，效果越好，过度处理，会导致基膜表面层破坏，形成一个疏松的表面层，如是，制得的复合薄膜，因基膜表面薄弱层的存在，剥离强度会明显下降（剥离试验时，虽然胶黏剂层和基膜之间结合良好，但基膜的表面层在较低的外力作用下就破坏了，因此呈现出较低的剥离强度）。

塑料薄膜经电晕处理后的表面张力是多少，必须进行测定。检测的方法是用某种表面张力的测试笔或液体，在处理过的表面划写，看留下的液体痕迹是否连续均匀，是否不收缩、不结点。若是，则与该达因数相符或更高，此时再用高一档的表面张力笔或液体再去检测，按照同样的方法去判断，一直到检测出准确表面张力值——该表面张力笔（或者表面张力液）在该塑料薄膜上涂画，划线连续均匀，大于该表面张力的表面张力笔（或者表面张力液）在该塑料薄膜上涂画，则呈现为不连续的划线。

表面张力测试笔或测试液，常用的规格有 38mN/m、40mN/m、42mN/m、44mN/m、48mN/m 五种，此外还有 52～70mN/m 的特殊规格（测试铝箔的表面张力用）。这种测试笔使用方便，可随身携带，且液体带有红色或蓝色，比自己配制的透明测试液更易观察和判断。

表面张力测试液，常由不同配比的甲酰胺和乙二醇乙醚配成，随着甲酰胺比例增加，表面张力增大，见表 5-15。

表 5-15　表面张力液配方

表面张力/(mN/m)	甲酰胺/%	乙二醇乙醚/%
36	42.5	57.5
38	54.0	46.0
40	63.5	36.5
42	71.5	28.5
44	78.0	22.0

塑料薄膜在电晕处理之后，若不马上复合中使用，则随着放置时间的延长，表面张力值也会逐步慢慢下降，时间越长，表面张力值越低，因此薄膜经电晕处理后，要尽量及时使用，进行印刷和复合，放置时间最好不超过 7 天，如果要放置更长的时间，则电晕处理的初期值应相应提高 2mN/m～3N/m，以保证日后使用时表面张力还在合理区间中。

除了塑料表面需要要进行电晕处理之外，有时铝箔的表面油污严重，表面清洁度不高，影响复合牢度，也要进行电晕处理，通过高压放电，将铝箔表面的油污烧掉，提高表面张力，有利粘接复合。

3. 注意印刷油墨对复合的影响

目前无溶剂复合软包装材料应用最多的典型的结构为：第一基材/印刷油墨/无溶剂胶黏剂/第二基材，无溶剂胶黏剂直接与第一基材的印刷油墨接触，无溶剂复合受油墨对的影响是不言而喻的。

在无溶剂复合中，印刷油墨用的树脂、溶剂、颜料、助剂以及整个的印刷质量均会对无溶剂复合软包装产品的质量，尤其是外观、剥离强度等有较大影响。

田立云曾对聚氨酯类油墨和丙烯酸类油墨印刷的无溶剂基膜，进行复合对比试验，提供的数据表明，丙烯酸类油墨较之聚氨酯油墨具有更佳的剥离强度[11]。参见表 5-16。

表 5-16　油墨类别对剥离强度的影响

剥离强度 /(N/15mm)	油墨树脂(聚氨酯)		油墨树脂(丙烯酸)	
	油墨配方 1	油墨配方 2	油墨配方 1	油墨配方 2
BOPP/CPP	0.9～1.2	0.8～1.0	2.3～2.6	1.5～1.8
PET/CPP	2.5～2.8	3.0～3.5		

与使用溶剂型胶黏剂的干法复合相比，无溶剂复合产品受油墨的影响更为突出。

首先无溶剂复合与干式复合上胶量相差较大，对于塑/塑结构，无溶剂复合上胶量 1.2～1.4g/m²，胶层厚度只有 1.05～1.40μm，干式复合上胶量大一些，胶层也厚一些，一般在 1.75～2.65μm 之间。如果此时油墨的细度不够，在墨层上有较深的凹凸不平时，无溶剂复合胶黏剂不能填平这些凹凸不平，就会引起局部没有胶水，造成白点/气泡。

同时无溶剂复合过程中不经加热干燥处理，印刷时油墨残留的溶剂没有机会挥发出来，残留溶剂经无溶剂复合后直接收卷，然后熟化后溶剂仍然保存于复合薄膜之中，导致复合的软包装产品发雾、甚至产生溶墨现象；当残留的油墨溶剂为醇类溶剂时，容易与无溶剂胶黏剂的主剂（含 NCO 基团的组分）产生化学反应，影响胶黏剂的熟化，造成溶墨现象。

二、无溶剂复合的工艺关键控制点

复合生产条件，也是保证产品质量的一个不可忽略的重要因素。无溶剂复合的工艺关键点主要包括张力控制、涂胶量控制、熟化条件的设定与控制等。

1. 张力控制

无溶剂复合过程中的张力控制，包括主放卷张力、主放卷涂胶后的牵引张力，副放卷张力，收卷张力的锥度控制等。一般来说，薄膜涂胶后的张力要略大于主放卷张力，收卷张力略大于放卷张力。张力匹配因基材的具体情况不同而异，通常薄膜的牵引张力，应略大于主放卷张力，收卷锥度一般在 10％～40％范围之内。

2. 涂胶量控制

胶合牢度决定于胶黏剂和基材的结合牢度和胶黏剂材料的自身的强度之间的薄弱点，理论上采用胶黏剂复合两基材时，在胶黏剂的量足以完全涂布基材表面的情况下，越薄越好，实际上，由于涂布时涂布缺陷的不可避免，为获得的较好黏合强度，需要足够涂布量，通常无印刷的轻包装用复合薄膜的涂胶量在 $1.0～2.0g/m^2$ 的范围内；有印刷图案的轻包装薄膜的胶黏剂的涂布量在 $1.2～2.0g/m^2$ 范围内；重包装及蒸煮袋等产品，胶黏剂需要更高的涂布量，可达 $2.0～3.0g/m^2$。涂布量增加会增加生产成本，而且过多的并不能显著地提高复合产品的剥离强度，在达到某一涂布量之后进一步增加涂布量甚至还可能降低复合产品的剥离强度，因此没有必要无限制地提高胶黏剂的涂布量。

3. 熟化处理

复合后膜卷的熟化处理，也是获得优质产品的重要工序。熟化温度通常在 30～50℃之间，熟化时间一般在 48h 左右，熟化条件主要决定于无溶剂胶黏剂，应根据无溶剂胶黏剂的生产厂商提供的资料进行设定。

熟化室内应当具有通风设施，能够将室内温度的偏差控制在 2％的范围之内，如通风不良，需在熟化期间，最好对膜卷进行人工翻动处理，以提高膜卷的熟化均匀性。

三、投产前的小样试验

上面提到的有关内容，可供无溶剂复合生产参考。对于初进入无溶剂复合领域的单位或者生产过程中，基材、油墨、胶黏剂以及产品应用要求等一个或者多个条件发生变化时，通过实地试验，确定具体的工艺条件以及材料间的配伍相容性，是一项具有实际意义的工作。

试验项目举例如下[12]。

1. 涂胶量及胶黏剂配用比的确定

利用拟进行复合的基材和胶黏剂，以常用涂布量的基础上（比如上述的无印刷的轻包装用复合薄膜的涂胶量在 $1.0\sim2.0g/m^2$ 范围内；有印刷图案的轻包装薄膜的胶黏剂的涂布量在 $1.2\sim2.0g/m^2$ 范围内；重包装及蒸煮袋等产品胶黏剂在 $2.0\sim3.0g/m^2$ 范围内），设定相应的不同的涂布量进行实地复合试验，按照产品质量标准要求，对不同涂布量的复合产品进行评定，兼顾产品的经济性，确定涂胶量。

胶黏剂的配用比，以胶黏剂生产单位提供的资料给出的配用比即可。必要时（例如复合镀铝薄膜时，按照生产单位提供的资料，可能复合产品的性能欠佳），可以以胶黏剂生产单位提供的资料为基础，适当调节配用比做一组小样试验并测定产品性能，寻求最佳的胶黏剂的配用比。

2. 复合张力的确定

判断复合时张力是否合适，可在复合过程中停止无溶剂复合机，然后在收卷处用刀片划一个十字形的切口，最理想的状态是划切口后复合膜保持平整，表示张力控制得当；若有切口之后，复合薄膜发生卷曲，向哪一个方向卷曲说明该层基膜的张力过大，需要减小（或者增加另一基膜的张力）。

3. 油墨与胶黏剂的相容性的判断

目前广泛使用聚氨酯类无溶剂胶黏剂且分子量较小、黏度较低，容易对某些油墨的联结料发生反应，对油墨层产生渗透，引起复合不良的弊病，实践表明，许多用于干法复合配套的里印油墨，应用到无溶剂复合，常常会产生油墨渗透的问题，因此在对无溶剂胶黏剂和油墨印刷层间的相容性不明的情况下，需要通过实际试验对它们之间的相容性进行评判。

评价方法：将含印刷层的待复合基材与胶黏剂，在无溶剂复合机上低速复合，制得几十米的复合薄膜，放置几十分钟后，观察有无油墨的渗透现象，如有油墨的渗透现象，应考虑更换油墨或胶黏剂的品种。

第四节　无溶剂复合常见问题及对策

无溶剂复合本身是一个成熟的、优秀的复合工艺，但不等于利用无溶剂复合在生产中就没有问题，当我们工艺条件设置、控制不当，设备运转不良，复合基材与胶黏剂等原辅材料选用不对或者生产环境条件太差等因素，都可能引发种种问题。在生产过程中，出现我们不希望的废次产品，不过在正常情况下，只要通过对生产环境、原辅材料、设备以及工艺采取相应的、针对性的措施，生产中存在的问题，也就会迎刃而解，转入正常生产的态势。下面就无溶剂复合生产中较为常见的问题及其解决方法，进行简要的剖析。

一、熟化后胶黏剂发黏

无溶剂胶黏剂熟化后不干、发黏，从化学的角度来说是因为两组分没有完成化学反应，未形成大分子结构所引起的。导致这种现象的原因及解决方案主要有：

(1) 胶黏剂两组分配比不当　两组分比例失调，特别是羟基组分过多会引起胶黏剂熟化后长期发黏；使用混胶机混料时，应该首先检查混胶机是否有堵塞、出胶比例是否正确；手工混胶时，应检查配胶时，应检查胶黏剂比例的设置及称量是否有误。

(2) 胶黏剂搅拌不均匀　特别是手工配胶、胶黏剂黏度较大时，容易产生因混胶不均匀引起胶黏剂不干、发黏的现象。混胶不均匀，从本质上来讲也是局部的胶黏剂配比错误的问题。如因胶黏剂搅拌不均匀，引起胶黏剂固化之后发黏，改善混胶之后，该问题即可解决。

(3) 胶黏剂失效　确认胶黏剂是是否失效。确认胶黏剂是否在保质期内，并且观察结皮、结块、浑浊、絮状等现象；如发现胶黏剂有可能失效，应按正常比例配少量的胶黏剂进行试验，观察熟化情况，如果胶黏剂不干确是胶黏剂本身变质引起的，则应更换质量稳定、可靠的胶黏剂，解决胶黏剂不干的问题。

(4) 胶黏剂内混入了水分或大量溶剂　胶黏剂内混入水分或大量溶剂，也是造成胶黏剂失效的一种原因，因此发现胶黏剂熟化不干时，也需要分析胶黏剂使用过程中，有无混入水分或溶剂的可能，如发现有这种潜在的可能，应排除这些因素后再进行复合。

二、剥离强度低下

(1) 薄膜基材的表面张力偏低　薄膜基材的表面张力偏低，是引起无溶剂复合产品剥离强度低下的最常见的因素之一，因此当发现复合产品的剥离强度低时，首先应当检查基材的表面张力，若基材的表面张力达不到复合的最低要求时，应对它进行电晕处理，若经电晕处理之后，仍达不到要求，则应当更换基材之后，再进行复合。

(2) 无溶剂复合的胶黏剂两组分的配比不当　无溶剂复合的胶黏剂两组分的配比不当，也是引起复合产品剥离强度低下的一个常见的原因。胶黏剂两组分配比不当，熟化时胶黏剂的化学反应不良，必然会导致复合产品的剥离强度低下，因此在确定基材的表面张力没有问题的情况下，一旦发现剥离强度欠佳，应当首先考虑胶黏剂的组分间的配比问题，仔细检查胶黏剂的主剂与交联剂的比例是否在胶黏剂供应商提供的参考值的范围之内，如偏离参考值，应予以及时调节[13]。

双组分胶黏剂配比的准确与否，直接关系到复合后的产品质量，这是不言而喻的。为保证配比准确性，一般都采用自动供胶、混胶系统。自动供胶、混胶系统中的混胶泵（不管是柱塞泵或是齿轮泵），一般都带有胶液比例失调自动报警系统，新胶泵使用时都不会有问题，但随着使用年限的延长，或相关保证措施跟不上，混胶泵可能会出现问题（胶黏剂比例失衡而出现混胶泵不报警的情况）。

这种情况下，若没有必要、及时的监测手段，就会出现大批量的质量事故；普通物性检测反馈较慢，一般2～4h后才会知道结果，若真有问题，那么这么长时间的损失也很大。为弥补这种缺憾，最原始的办法是定时人工称量配比，简单有效，但这种方法适合在开机前实施，而在设备运行中实施则不方便进行。吴孝俊等提出了一种对胶黏剂组分实际比例的监控方法，对实际生产具有较大的参考价值，那就是利用折射仪测试胶液折射率，来观察胶黏剂的组分比例是否失常。因为只要胶黏剂的两组分是比例确定，一定温度下，混合后的胶液折射率是一定的，虽然在无溶剂复合的过程中，因为温度、测试时间的影响，折射率会有一些变化，但都是有规律可循的，如果胶黏剂比例发生明显变化，那么测出的胶液折射率也会相应变化。

折射率的检测可以随时进行，且不影响在线生产，操作十分方便，一旦发现胶黏剂两组分的比例失常，可及时采取补救措施（无溶剂胶黏剂折射率测试仪器，一般都使用阿贝折射仪，阿贝折射仪已有多种国产牌号生产可供选用）。

(3) 影响剥离强度的其他因素　影响剥离强度的比较常见的其他因素还有：

① 熟化温度与时间设置不当或者生产过程中控制不严，胶黏剂熟化欠佳。检查熟化温度与时间的设置值是否在胶黏剂供应商推荐范围之内，如熟化温度偏低或熟化时间不足，应适当提高熟化温度、延长熟化时间。

② 胶黏剂的上胶量不足，也是可能引起复合产品剥离强度偏低的一个原因，在排除上述各种因素导致复合产品的剥离强度下降的可能性之后，可尝试增加上胶量，以改进复合产品的剥离强度（一般轻包装用透明复合产品的上胶量在$1.2g/m^2$左右，水煮产品的上胶量在$1.4g/m^2$左右，印刷复合产品的上胶量在$1.5～2.0g/m^2$，高温蒸煮膜或镀铝材料的复合一般在$2.0g/m^2$以上，当上胶量低于所要求的经验值时会影响到产品的剥离强度，当然具体产品的上胶量还因各个厂家的实际情况不同而略有不同），如适当增加胶黏剂的涂布量，仍不能解决剥离强度下降的问题，应当对胶黏剂的品牌进行考察，及时与胶黏剂供应商或其他胶黏剂生产商联系，更换胶黏剂。

③ 基材为多层结构时，若其层间结合力低，基材间的剥离强度差，其复合产品的剥离力肯定也低（剥离破坏出现在基材的层间结合力低处）。这种情况下，上述种种提高无溶剂复合产品剥离强度的措施将无能为力。例如BOPP通常即为一种多层结构，如果BOPP本身层间结合力差，在对无溶剂复合产品如BOPP/PE进行剥离试验时，将不在胶黏剂处产生剥离，而在BOPP层间产生剥，出现剥离力低的现象，表观上表现为复合产品的剥离强度差。

文献［14］提出了一种判断复合产品的剥离强度低下，是否是源于基材层间结合力低下的方法。该文献指出，有一种胶黏剂的染色剂可以对聚氨酯类的物质进行染色而显示红色，而对于尼龙薄膜会显土黄色，其他膜则不显色。这种染色剂常用于判断胶黏剂停留在哪一侧的基材上。对于 BOPP/CPP 复合膜，在没有将 BOPP 拉断的情况下将膜剥离开，使用染色剂染色，结果两面都没有显色，这种情况表明，剥离开的地方不是胶黏剂的界面，也不是油墨（聚氨酯体系）转移后的界面（因为无溶剂胶黏剂和聚氨酯油染色后均应显示红色），而是 BOPP 薄膜发生了层间剥离。这一结论，还可通过进一步试验加以验证：将刚才经过剥离的薄膜，用砂纸在含 CPP 那一面轻轻来回摩擦后再次进行染色，由于砂纸将表面的一层 BOPP 摩擦掉以后露出胶黏剂层，我们可以观察到被砂过的地方显出了红色。在这种情况下，只能更换层间结合力好的 BOPP 基膜，才有可能解决剥离强度低下的问题。

三、气泡与白点

（1）何谓气泡与白点 气泡是无溶剂复合中，最常出现的问题之一。通常我们所讲的所谓气泡，并非都是存在于复合薄膜中的、鼓起的气体类缺陷，除了两基材之间存在的气体之外，也包括两基材之间的未被胶黏剂完全黏合的空隙[15,16]。

（2）产生气泡与白点的原因

① 设备缺陷。如果生产中发现周期性气泡，气泡的产生很可能和设备的缺陷有关，最大的可能是压辊或胶辊未清洗干净有关，出现这种情况，应马上停机检查，重新清洗压辊与胶辊以排除故障。

② 胶黏剂对基膜的润湿效果欠佳。印刷基膜的表面上，都是有周期性的印刷图案，无溶剂复合由于其本身上胶量少，均匀上胶后，胶层的厚度仅为 $1\sim2\mu m$，而印刷过程中有些版面墨层厚度达 $3\mu m$，这种情况下，在复合产品下机后各部均良好，但经 $8\sim10h$ 熟化后，就会出现气泡现象。其原因主要是由于无溶剂复合用胶黏剂本身是低分子量物质，黏度较低，在涂胶复合后，胶黏剂的分子在复合膜内由于分子运动还会重新分布，如基膜分子本身极性较小，胶黏剂不易对基膜表面浸润从而容易产生收缩。经收缩的胶黏剂在有少量气泡的情况下，气体则会在空档中聚集，而成形气泡。

如图 5-3 所示，印刷薄膜本身具有周期图案，经复合收卷后，在 a、b 两处呈较紧状态，而 a、b 的边位 c、d 部位则形成了如图中（截面图）所示的空档，此地方最容易有气泡聚集，由此产生的气泡，会形成类似周期性气泡，给人造成设备未清洁而引起的假象。

对于这类产品可适当提高上胶量，以弥补空档处无胶的缺陷，这种方法有时能适当解决，但对于印刷墨层达 $3\mu m$ 的叠色版则无济于事。因为无溶剂胶黏剂上胶量过大，会出现橘子皮状而影响复合膜的透明性和外观性能。这种情况下，则需要对印刷图案的设计进行必要的调整。

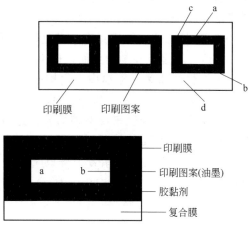

图 5-3　无溶剂胶黏剂经收缩发生气泡

③ 两基膜气体透过性均差。复合基材的种类不同，其物理性能也有很大差别（如透气性），对复合膜气泡的形成也有很大关系。一般地说，透气性好的基材（如 BOPP、CPP、CPE、LDPE）之间或一种透气性差的复合基材（如PVDC、BOPA）同另一种透气性好的复合基材之间复合，不易产生气泡。

如果两种基材，透气性都比较差，它们之间进行复合时，则夹层很容易产生气泡，例如 PVDC 和 BOPA 之间复合就容易产生气泡。这是由于一方面无溶剂复合时，胶黏剂在上胶系统中不可避免地会混入少量的空气，同时，异氰酸酯类胶黏剂本身，在复合阶段与熟化阶段，也可能产生二氧化碳（CO_2）等气体副产物，在两种复合基材的透气性都比较差的情况下，这些气体不易通过塑料薄膜排放，于是便产生大量微小气泡，从而影响复合膜的表观质量。

④ 印刷基膜溶剂残存量过高。无溶剂复合时，通常基材经达预热后复合，如印刷的基材中印刷时溶剂残留量过高，复合膜会因溶剂挥发而产生气泡，因此印刷时的溶剂残留量应控制在 $3mg/m^2$ 以内，以减少残留溶剂对复合制品产生气泡的影响；此外，如果当我们用溶剂清洗上胶系统后马上进行复合，同样会因为残留有溶剂的存在，使复合产品产生气泡。

⑤ 膜表面过于粗糙。复合基材表面状况不良，也会引起复合薄膜产生气泡。当基材的表面太粗糙时，基材黏合界面之间容易形成点接触，使胶黏剂层破裂，而且，深而窄的沟槽难以被黏稠的胶液所填充。这样，在这些微小的啮合面之间便形成了大大小小的气泡。如果这些微泡中的空气不被排出并为胶黏剂所充满，那么，这些微泡便形成永久性气泡而影响膜的表观质量；另外，当基材的表面张力不够时，胶黏剂涂布后，浸润性较差，上胶不均匀，无胶的地方则产生空档、形成气泡。

⑥ 车间清洁度差。车间清洁度差，灰尘存在于基材的表面，该尘粒将二层

膜顶起，周围形成一圈空档，空的一环粗看是一点点气泡。由灰尘形成的气泡的一大特点是，仔细查看，该气泡的中间有一黑点，若有这种现象，请注意环境清洁，保持空气清新。

⑦ 其他因素：复合膜气泡质量缺陷的形成因素很多，产品加工过程中很细小的因素都可能最终产生气泡。除上述外，还应当注意如下问题：

a. 复合辊的压力不足或钢辊温度太低。

b. 复合辊与复合膜的包角不合适，包角太大，特别是对刚性大的复合基材，则更易产生气泡。

c. 收卷单元辊的压力、收卷张力太小，收卷纸芯的表面平整度不好。

d. 加工车间湿度太大，致使黏合剂中混入多余的水分。

e. 上胶量不足，有空白。上胶量不足，而使复合膜涂胶不均匀，易产生大块面的气泡，此类情况适当增加上胶量即可控制，对于熟练工人，可在复合下机时，对样膜进行手工剥离，用手感觉两面均有胶黏剂即可。

f. 胶黏剂助剂的影响。在胶黏剂的助剂体系中，消泡剂对消除胶黏剂使用中气泡的产生有很大的作用。消泡剂太少，不足以消除使用中混入胶黏剂中的空气，这部分空气随着胶黏剂通过上胶系统转移到复合基材上，通过复合残存在复合膜黏合剂层，从而产生微小的气泡。同时如果胶黏剂在较高温度下长期存放，那么黏合剂中的消泡剂也会消失或减少，从而影响消泡剂的消泡效果。

四、摩擦系数增大

（1）控制摩擦系数的意义　以 PE 为热封层的复合薄膜，采用无溶剂复合时，常常会出现复合产品摩擦系数增大的问题。众所周知，在高速包装生产线上，为确保包装过程的顺利进行，复合薄膜的摩擦系数，必须保持在一个较低的水平，否则会出现薄膜表面擦伤甚至出现断膜等弊病，因此对于无溶剂复合产品摩擦系数增大的问题，需要引起我们的注意。

（2）抑制摩擦系数增大的若干措施　无溶剂复合产品摩擦系数增大的问题，目前大家比较一致的观点，认为是由于复合过程中，基材中的爽滑剂类的添加剂与无溶剂胶黏剂之间进行化学反应，消耗了部分爽滑剂的缘故。通常解决这个问题有如下几种办法，一是在满足复合产品剥离强度、热封强度需求的前提下，尽量降低胶黏剂的用量，或者在生产基膜时适当增加爽滑剂的配用量，此外也有的人采用适当降低熟化温度，抑制胶黏剂与爽滑剂之间的化学反应的方法。上述种种防止无溶剂复合产品摩擦系数上升的措施，都有一定的效果并在生产实践中得到了实际应用，但笔者认为，这些办法均不是理想的办法，比较更为可取的是从胶黏剂的选择上入手，选取不易和聚乙烯的爽滑剂发生反应的无溶剂胶黏剂。

此外据称当收卷力偏大时，爽滑剂容易很快析出到薄膜的表面，与胶黏剂发生反应，适当降低收卷力，可降低无溶剂胶黏剂和爽滑剂间的反应，对复合产品的摩擦系数的上升，有抑制作用。

据报道，采用聚酯组分含量高的无溶剂胶黏剂，可有效地减少胶黏剂与聚乙烯的爽滑剂之间的反应，从而消减无溶剂复合对复合薄膜摩擦系数的影响。因此当复合产品的摩擦系数明显增高，不能适应后继加工（包装）的需要时，建议与无溶剂复合胶黏剂生产企业联系，购买对产品摩擦系数影响较小的"功能性胶黏剂"，例如波斯胶芬得利公司的无溶剂胶黏剂 Herberts 2K-LF520/H170 就是这样的产品，上海康达化工新材料股份有限公司的无溶剂复膜胶 WD8116，也是对产品摩擦系数影响较小的"功能性胶黏剂"。

五、镀铝层转移

镀铝薄膜既保持有塑料薄膜许多固有的特点，诸如强劲、柔软等，又在某种程度上获取了铝箔的一些功能，如遮光性、美丽的金属光泽以及可期许的较高的阻隔性等，而且相对成本较低，因此镀铝薄膜及其复合材料的应用日渐增多，是目前塑料复合薄膜中的一个重要的方面。但在使用无溶剂复合，生产镀铝复合薄膜的过程中，常常会发生的镀铝层转移问题，这是一个颇令人头疼的问题。

1. 镀铝层转移的实质

复合过程中发生铝转移的现象，实质上是塑料薄膜的镀铝层与基材之间的结合力，小于镀铝层与胶黏剂的结合力。铝转移导致镀铝层局部或大面积脱离基材而向胶黏剂层迁移，影响复合薄膜的整体性，使含镀铝层的复合薄膜应用性能下降，甚至失去使用价值，因此是无溶剂复合中应当引起注意并着力加以解决的问题[17]。

2. 消除镀铝层转移的方法

（1）选用有底涂层的镀铝薄膜 消除镀铝层转移的最有效的方法，是在购置镀铝薄膜时，选用有底涂层的镀铝薄膜，即所谓的增强型镀铝薄膜，这种薄膜因为在镀铝之前，在薄膜的表面涂布有增强镀铝强度的底胶，底胶与薄膜之间有牢固的结合，镀铝层和底胶之间也有牢固的结合，镀铝层表现出很好的附着强度，可有效地避免镀铝复合薄膜的铝转移现象的发生，但这种镀铝薄膜的价格较高。当采用普通非增强型镀铝薄膜为基材时，则需对镀铝层转移的问题，予以高度关注。

（2）选用镀铝用无溶剂胶黏剂 尽可能选用镀铝用无溶剂专用胶黏剂，如上海康达化工新材料股份有限公司的无溶剂复膜胶 WD8117 并根据镀铝层产生的具体情况，采取针对性措施，加以解决。

（3）其他针对性措施

① 提高镀铝薄膜的镀铝牢度。提高镀铝薄膜本身的质量，是解决镀铝膜转移的前提条件，若镀铝膜本身质量太差，那么无论什么样的复合工艺和胶黏剂对于解决镀铝转移问题，都是无能为力的。

② 使用柔软性较好的胶黏剂。为适当提高胶黏剂层的柔软性，有时适当减少固化剂组分的配用量，使复合时的交联反应程度适当降低，减少胶膜的脆性，增加胶膜的柔软性和伸展性，从而减少镀铝层的转移，但所用的固化剂的量也不能过低，因为固化剂用量减少，胶黏剂熟化程度相应下降，复合材料的层间结合力（剥离强度）也相应降低，固化剂的用量必须要能够保证复合薄膜熟化之后，胶黏剂层具有足够的强度。

③ 优化复合工艺过程。一般软包装生产厂家采用无溶剂复合工艺复合PET//VM-PET//PE 时，是 PET 与 VM-PET 复合后经过熟化，然后复合 PE，但是 PET//VM-PET 熟化后镀铝层不发生转移，继续复合 PE 后，镀铝层转移的现象就出现了。这种现象的出现与各种薄膜、胶层、熟化时间等有直接关系。如果先进行 PE 与 VM-PET 复合后经过熟化，然后复合 PET，则镀铝层转移的现象会有明显改善。

④ 改善熟化条件。熟化温度偏高，固化速率过快引起胶膜的急剧收缩变形，加大镀铝层的镀铝转移，因此适当降低固化温度，减缓熟化速率，可减少镀铝转移现象。

六、皱褶

皱褶是无溶剂复合产品较常出现的缺陷之一。

无溶剂复合产生皱褶与无溶剂胶黏剂初粘力较低有很大关系，但无溶剂复合初粘力低，受制于工艺本身，是无溶剂复合固有的目前难于解决的问题，因此对于无溶剂复合产生皱褶应从引起皱褶的其他因素着手，如复合基材的质量、复合工艺及设备等方面进行考虑，采取针对性措施加以解决。

（1）使用质量良好的基材抑制皱褶的产生　复合材料的质量问题　当复合的薄膜材料两端松紧不一致或者厚薄变差较大时，上机后产生上下或左右大幅度摆动，复合后产生皱褶。另外复合基材本身收缩率较大时，熟化过程易产生收缩，造成褶皱，遇到这种情况可适当降低熟化温度。

（2）控制张力的合理匹配减少皱褶的产生　复合机参数设置不合理 复合的薄膜材料要根据材质的、厚薄、宽度的不同张力做相应的调整，如果两基材张力不匹配，胶黏剂本省没有初黏力膜层之间容易产生滑移而产生皱褶；另外，收卷张力不合适会造成卷芯部分产生皱褶或瓦楞。

（3）注意设备的维修保养，保证设备的正常运转　设备运转不良，也是产生皱褶的常见原因之一。当个导辊表面不平整或者较脏时，容易产生斜纹，复合后产生皱褶；当导辊平行度较差时，会造成输送不平展而产生皱褶。

七、隧道效应

（1）何谓隧道效应　所谓隧道效应，指复合薄膜沿着横向或者沿着纵向的皱褶。

（2）改善张力匹配抑制隧道效应　横向隧道的原因，通常是两复合基材张力不匹配、或收卷压力不稳定或两端不均匀、或基材本身横向松紧度严重不一致（单边），有时与接头不平整有关。可调节通道、二放及收卷张力；换用质量更好的材料；细粘接新旧料带而消减。

纵向隧道原因一般是张力过大、或基材两边张力不平衡，有时与接头不平整有关，应调节收卷张力大小、及收卷压力两侧的平衡；仔细粘接新旧料带。

（3）采用圆度良好的芯管、改善基材接头抑制隧道效应　芯部隧道通常源于芯管不圆或料头不平整，当发现芯部部位产生隧道效应时，应换用好的芯管并仔细粘接料带。

八、收卷不整齐

收卷不整齐即所谓窜卷，也是无溶剂复合比较常见的问题之一。窜卷可能产生于：整体上胶量过大，或者计量辊与转移钢辊间隙两端不一致导致两侧上胶量相差过大；薄膜平整度差；或两边松紧不一以及收卷张力太小；或收卷压力太小或两侧压力不均衡等诸多因素。

可根据具体情况，尝试从减小上胶量、重新调整计量辊与转移钢辊两端的间隙、换用平整度较好的基膜、调整张力（和张力锥度）及收卷压力等方法予以解决。

九、纸塑复合时的纸塑层间脱离现象

纸塑复合产品，可以看成是用胶黏剂作为中间介质，使纸张的极性的植物纤维与非极性（或低极性）的高分子聚合物薄膜及油墨层双向润湿、渗透，经熟化（化学反应），从而产生有效黏结力，使纸塑牢固黏合而得到所需要的产品。

纸塑复合与塑塑复合以及塑料薄膜与铝箔间的复合不同，通常不使用双组分无溶剂胶黏剂而使用单组分无溶剂胶黏剂。纸塑脱离现象主要表现为复合膜剥离强度不足、胶黏剂不干、纸张印刷品与塑料薄膜上面的胶黏层脱离等。

纸塑脱离现象容易在印刷面较大的产品中出现，特别是表面油墨层较厚，胶水难以润湿、扩散、渗透的情况下，更容易出现纸塑脱离现象。此外，纸塑脱离现象的出现，常与纸张的平滑度、匀度、含水量、塑料薄膜的性能、印刷膜层的厚薄度、纸塑复合时的温度、压力、生产环境（卫生状况以及温度、相对湿度等因素）有关。可根据生产时的具体情况，采取针对性的措施加以处理。

（1）增加胶黏剂的涂布量　若因胶黏剂被纸张及印刷油墨吸收，涂布量不足引起的纸塑脱离，应适当增加上胶量以确保复合的需要。

（2）**在印刷油墨干透之后再进行复合**　墨层未干或未干透时，油墨层中残留溶剂可能消耗部分胶黏剂，导致胶黏剂的用量不足，使黏合力下降，引起纸塑脱离现象的产生，这种情况下，如在油墨干透之后再进行复合，即可解决纸塑层间脱离问题。

（3）**提高复合的温度和压力**　复合时、温度压力偏低，也可能引起纸塑层间脱离现象，适当增加覆膜的温度、压力有利于解决纸塑层间脱离问题。

（4）**确保塑料基膜的表面张力**　若因塑料薄膜表面电晕处理强度不够或者塑料薄膜表面电晕处理之后储存时间过长，塑料薄膜的表面张力不足，也是引起的纸塑脱离的重要原因之一。当产生纸塑层间脱离现象时，应首先对薄膜的表面张力进行测试，如发现表面张力不足，应当换用符合要求的薄膜基材。

（5）**在空气湿度不足时采用人工加湿处理**　由于纸塑复合使用的是单组分无溶剂胶黏剂，若空气中的水分不足，也会引起的纸塑脱离现象，这时则应根据单组分胶黏剂加工工艺的湿度要求，进行人工加湿处理。

十、油墨层脱层或油墨"溶解"现象

油墨脱层现象，常出现在复合软包装材料熟化后，油墨层大部分转移到镀铝面上。这种现象大多出现在 PET 印刷膜面。

PET 印刷膜出现油墨脱层现象通常与三种因素有关：

① 降低印刷基材的溶剂残留量。当残留溶剂过多引起油墨脱层转移时，降低印刷过程中溶剂的残留量，转移现象就会得到减轻或消失。

② 防止电晕处理过度。当 PET 薄膜的电晕处理过头时，会使薄膜的表面受到严重破坏，从而产生油墨转移现象，出现这种情况，因此当出现油墨转移现象时，应对 PET 薄膜的表面电晕处理情况进行试验，如确有问题，应对表面处理进行必要的调整，适当降低电晕处理强度。

③ 应用与胶黏剂匹配性佳的油墨。油墨种类选择不当，也是产生油墨转移的常见原因之一。例如使用的氯化聚丙烯类油墨会产生油墨层的转移，如油墨应用不当，改用聚酯、尼龙专用的油墨即可使油墨转移问题，得到解决。

除了油墨转移现象之外，无溶剂复合过程中会偶尔会出现油墨边缘变花或者油墨"溶解"现象，这主要是由于无溶剂胶黏剂本身分子量较低与油墨分子比较接近，从而产生了互溶的现象。遇到这种现象，建议与声誉较好的油墨生产厂家联系，选用适应性较好的、与胶黏剂之间不存在互溶性的油墨。

参考文献

[1]　吴继业 . 无溶剂复合技术在药品包装用复合薄膜上的应用//无溶剂复合工艺特刊 . 广东包装，2013，12：26-27.

[2] CN103101287A(申请号 201310053643.8).重包装复合膜的制备方法.

[3] CN1535814(申请号:031261140).PVDC 层压复合耐高温蒸煮食品包装膜及其制备方法.

[4] CN103112236A(申请号:2013100536724).镀铝复合膜的制备方法.

[5] CN102225639B(申请号:2011100840195).铝箔复合包装材料的制备方法.

[6] CN104129133A(申请号:2014103530423).一种液体包装用纸塑复合膜及其制造方法.

[7] CN 103879125A(申请号:2014100669345).高温蒸煮复合膜、袋的无溶剂复合方法及其复合装置.

[8] CN202416077U(申请号:2011205712339).一种低 VOCs 无溶剂复合转移喷铝纸.

[9] 於亚丰.无溶剂复合工艺控制要点//无溶剂复合工艺特刊.广东包装.2013,12:41-42.

[10] 於亚丰.无溶剂复合常见问题分析与探讨//无溶剂复合工艺特刊.广东包装,2013,12:39-41.

[11] 田立云.印刷油墨对无溶剂复合质量的影响//无溶剂复合工艺特刊.广东包装,2013,12:60-61.

[12] 徐丽萍.无溶剂复合工艺试验要点//无溶剂复合工艺特刊.广东包装,2013,12:36-37.

[13] 吴孝俊等.无溶剂复合的实际应用技术.塑料包装,2008,4:21-22.

[14] 波士胶(上海)管理有限公司.无溶剂常见问题分析//无溶剂复合工艺特刊.广东包装,2013,12:45.

[15] 王建伟.无溶剂复合膜气泡质量缺陷的影响因素.塑料包装,2002,(3):19-20.

[16] 谭文群.无溶剂复合气泡产生的原因分析.塑料包装,2003,(4):46-48.

[17] 郑烜.无溶剂复合工艺出异常现象的处理//无溶剂复合工艺特刊.广东包装,2013,12:28-29.

[18] 陆荣林.使用无溶剂工艺的一点体会.包装前沿,2014,(1):77-77.

[19] 田立云.无溶剂复合工艺探讨.包装前沿,2014,(2):23-24.

[20] 左光申.无溶剂复合问与答(3).印刷技术,2013,(2):44-45.

[21] 左光申.无溶剂复合问与答(2).印刷技术,2012,(22):43-45.

[22] 左光申.无溶剂复合问与答(1).印刷技术,2012,(20):47-48.

[23] 邢顺川.无溶剂复合实践论略.塑料包装,2012,(3):28-30.

[24] 吴孝俊.无溶剂复合技术应用实践.全球软包装工业,2011,(4):108-109.

[25] 张仲实.无溶剂复合设备及工艺.国外塑料,2009,(10):42-45.

[26] 赵新峰.PVDC 无溶剂复合工艺控制及常见问题探析.塑料包装,2008,(5):16-20.

[27] 王男,王昕.无溶剂复合技术在纸复合材料中的应用.国际造纸,2006,(2):19-22.

[28] 胡洪国.无溶剂复合技术的应用浅析.全球软包装工业,2006,(4):63-66.

[29] 陈漫里.无溶剂复合中上胶量的探讨.全球软包装工业,2005,(10):73-74.

[30] 陈漫里.无溶剂复合张力的匹配.出口商品包装:软包装,2003,(4):34-36.

[31] 陈漫里.无溶剂复合工艺中的清洁要求.出口商品包装:软包装,2003(3):37-39.

[32] 胡洪国、张仲实.无溶剂复合的应用及其产品.中国包装报,2010-9-13(7).

[33] 邢顺川.无溶剂复合工艺探讨.中国包装报,2003-3-31(3).

第六章

对我国无溶剂复合的综合评价

　　随着近年来无溶剂复合工艺在我国的推广应用，无溶剂复合工艺较之干法复合所具有的优势日益显现，在业界受得了越来越多同仁的肯定，同时无溶剂复合工艺也暴露出来一些需要引起注意和尚待解决的问题。

一、我国无溶剂复合现状的总体评价

　　在前面的几章中，对无溶剂复合的设备、胶黏剂及工艺等方面，分别作了比较系统的介绍，并对无溶剂复合与干法复合作了相应的比较。通过这些资料，对于无溶剂复合工艺，有了一个基本的了解，由此不难看出，无溶剂复合是塑料软包装材料领域中的一个优势十分突出、潜力极其巨大、有利于人类可持续发展的一种工艺；生产实践所反馈出来的许多事例，为这一观点提供了有力的支撑，就此拟结合无溶剂复合在国内的生产实践，予以说明。

（一）无溶剂复合的优势在实践中得到了很好的体现

　　如前所述，无溶剂复合是用无溶剂胶黏剂将两种膜状基材黏合在一起，制造塑料复合软包装材料的一种工艺，干法复合也同样是使用胶黏剂（溶剂型胶黏剂）将两种膜状基材黏合在一起，制造塑料复合软包装材料的一种工艺。

　　无溶剂复合工艺使用的胶黏剂不含溶剂，复合过程中不需要将胶黏剂中的溶剂加热排放。如前面章节特别是第二章第四节干法复合、湿法复合与无溶剂复合以及相关文献的描述，无溶剂复合胶黏剂不含溶剂、生产过程中不排放溶剂的基本特点，造就了无溶剂复合的一系列的优点[1~11]。这些优点的存在，使无溶剂复合工艺能够经受当今环境保护、节约资源、安全卫生等各种标准的评估。与塑料软包装行业中常用的主流复合工艺干法复合相比，显示出极大的优势。

　　（1）节约物质资、能源效果明显，能够大幅度降低成本　於亚丰先生[1]通过在国内生产实践中获取的具体数据，以列表的形式，阐明了无溶剂复合较之干法复合的巨大经济上的优势，见表 6-1 无溶剂复合与干法复合胶黏剂的成本分析、表 6-2 无溶剂复合与干法复合溶剂耗用成本分析及表 6-3 无溶剂复合与干法复合能耗的比较。

表 6-1　无溶剂复合与干法复合胶黏剂的成本分析

项　　目	无溶剂复合	干法复合	
	无溶剂胶黏剂	溶剂型胶黏剂	水性胶黏剂
单位面积上胶量(固含量)/(g/m²)	1.0～2.0	1.5～3.0	2.0～2.5
单位面积胶黏剂涂布量/(g/m²)	1.0～2.0	2.0～4.0 (浓度75%的胶黏剂)	4.8～6.0 (浓度42%的胶黏剂)
胶黏剂单价/(元/kg)	28 左右	18 左右	15 左右
单位面积胶黏剂成本/(分/m²)	2.8～5.6	3.6～7.2	7.6～9.0

表 6-2　无溶剂复合与干法复合溶剂耗用成本分析

项　　目		无溶剂复合	干法复合	
胶黏剂类型		无溶剂型	溶剂型	水剂型
稀释剂成本	单位面积胶需溶剂量/(g/m²)	无	2.0～3.9①	无
	溶剂(醋酸乙酯)单价/(元/kg)	无	8	无
	单位面积溶剂成本/(分/m²)	0	1.6～3.2	0

① 以将胶黏剂稀释至38%浓度计。

表 6-3　无溶剂复合与干法复合能耗的比较

复 合 类 型		无溶剂复合,速度200～350m/min	干法复合约120m/min
熟化室耗能		能耗相近	
烘道干燥耗能	安装功率/kW	0	≥100
	实际使用功率/kW	0	约50
	电费/(元/h)	0	约40
	单位面积电费/(分/m²)	0	>0.55
	年总电费	0	>10 万元
	以每年生产时间 22×12×12＝3168(h)计		

　　无溶剂胶黏剂不含溶剂,复合过程中不需要将胶黏剂中的溶剂加热干燥,复合生产线没有烘道,因此通常干法复合机采用电热,装接电量在 100～150kW,实际耗用功率在 50～100kW,复合生产线的电能消耗明显地低于干法复合,采用无溶剂复合生产线,理论上可以节能 2/3 左右;浙江海宁地区的一家塑料软包装生产企业提供的实际数据表明,每条无溶剂复合生产线,每年节约电费高达 15 万元以上。

　　(2) 环境保护适应性佳　由表 6-1 无溶剂复合与干法复合胶黏剂的成本分析及表 6-2 无溶剂复合与干法复合溶剂耗用成本分析提供数据,不仅反映出无溶剂复合较之干法复合在节约原材料方面的优势,也反映出无溶剂复合在环境保护适应性方面的优势:传统的干法复合,使用大量的溶剂,而且这些溶剂在生产过程中,全部在烘道中被烘干排放到大气中(每生产 1m² 的复合薄膜,干法复合要排放 3～4.9g 的醋酸乙酯,其中包括胶黏剂中的 0.5～1.0g 的醋酸乙酯和作为稀释剂加入的 2.0～3.9g 的醋酸乙酯),造成大量的溶剂对生产场地与周边环境的严重污染，无溶剂复合使用无溶剂胶黏剂，胶黏剂本身不含溶剂，生产过程中不存在溶剂排放的问题，自然不致对环境产生严重的污染。

(3) 有利于提高产品的卫生安全性　在生产实践中，无溶剂复合的胶黏剂不含溶剂，不会出现胶黏剂的溶剂残留在复合薄膜中的问题，有助于确保塑料软包装材料的残留溶剂不致超标，有利于提高塑料软包装材料的卫生性能，对于塑料软包装材料在食品、药品等商品的包装方面的应用，是十分有利的；近期，胶黏剂生产厂商，成功开发出芳香胺快速衰减的功能性无溶剂胶黏剂，更为改善无溶剂复合的塑料软包装材料的卫生性，增加了推动力。

此外无溶剂复合所用的胶黏剂不含易燃易爆的有机溶剂，生产过程中安全性好，也是无溶剂复合在实践中表现出的一大优点。

(二) 实践证实无溶剂复合是发展绿色包装的重要抓手

绿色包装越来越为社会所重视，也是当前包装领域普遍关心和重视的工作之一，往往被包装当作宣传产品的一个亮点。无溶剂复合是有利于人类的可持续发展的一项工艺，绿色包装理念，本质上也是发展有利于人类的可持续发展的包装，两者之间具有很大的共通性。

社会上有关绿色包装的讲法很多，但比较科学而为广大专家、学者普遍接受的评价方法则是生命周期分析法。生命周期分析，要求在包装的整个生命周期过程中，从原料的获取、加工制造、包装应用直到包装废弃物的处置，都要符合节约资源、环境保护以及安全卫生的要求，如果其他环节的各个方面都完美无缺，而在加工制造环节在节约资源、环境保护以及安全卫生的某一方面存在严重问题，那么该包装就不是我们所倡导的绿色包装。从上面的描述的无溶剂复合在我国实际应用情况表明，采用无溶剂复合，在复合加工过程中，可以同时满足节约资源、环境保护以及安全卫生的要求，因此可以毫不夸大地讲，无溶剂复合是塑料软包装材料领域中，发展绿色包装的一个重要抓手；把使用无溶剂复合和发展绿色包装联系起来，提高发展无溶剂复合的重要性与必要性，有利于对无溶剂复合工艺的宣传，有利于推动无溶剂复合的发展，有助于推动我国塑料软包装行业及其产品的升级换代，是十分必要和十分有利的。

(三) 无溶剂复合工艺的缺陷应予以重视

为持久而有力地推动无溶剂复合的发展，不仅需要大家对优势与潜力有所了解，对于无溶剂复合的具有缺陷也应当有一个比较清晰的了解。

笔者认为无溶剂复合工艺所具有的局限性有两种：一种是固有的、无法克服的；另一种则是囿于现实客观条件的限制，暂时受到限制而非不可行的。

前者如无溶剂复合的活动范围，只能在其定义范围之内，即将两膜状基材通过胶黏剂复合而生产塑料软包装材料，我们不能超越这一范围，不能指望为了降低生产成本，以粉状或粒状塑料原料或者以纸浆为原料，通过无溶剂复合来生产塑料软包装材料，这不是它的活动范围，"不是它的事"。无溶剂复合的原始材料，必须是已经经过初加工的膜状材料，比如塑料薄膜、铝箔、纸张之类，这是不可逾越的局限性。其次是理论上可以通过胶黏剂黏合的方法生产，而且现在干法复合已经可以生产、而无溶剂复合所不能生产的产品，诸如耐135℃高温蒸煮及145℃超高温蒸煮的复合薄膜类产品，囿于当前无溶剂胶黏剂的限制，目前国内基本上都不能采用无溶剂复合的工艺生产，农药等商品包装用的许多复合薄膜，也基于同样的原因，也还不能采用无溶剂复合工艺生产，这也是无溶剂复合的局限性。对于这样的现实情况，我们在考虑发展无溶剂复合工艺的时候，必须正视它，决不能视而不见、等闲视之，否则就有可能"误入歧途"，给我们的工作带来巨大的损失。但我们同时也应当看到，通过新型胶黏剂的开发、设备的完善以及工艺的改进，在经过不断的努力之后，现在的许许多多的"不可能"的事今后将转化为可能的事，甚至是轻而易举的事（就像过去我们行业内不能利用无溶剂复合生产重包装类复合材料，而现在利用无溶剂复合生产重包装类复合材料已成为事实一样），这类"无溶剂复合工艺的局限"，正是值得我们高度关注和努力开拓的一片处女地，是一座座尚待开发的金矿，应当成为我们广大科技工作者工作中努力工作的攻坚对象，充满激情去和它们战斗，以期获得更大的成果。

（四）推进无溶剂发展的工作任重而道远

近年来无溶剂复合在我国得到了迅速的发展，对于促进我国塑料软包装行业从大量消耗资源、污染环境的粗放型经营向资源节约型、环境友好型生产模式的发展，展示了巨大的活力；发展无溶剂复合的速度是令人鼓舞的，近十年来依靠本土企业的蓬勃发展和跨国公司来华建立的大量生产基地，我们已实现了过去无溶剂复合的设备和胶黏剂从完全依赖国外进口到自给有余、部分出口外销的转变；我国塑料软包装行业的无溶剂复合产品，已从以前比较单一的轻包装薄膜逐渐扩大到包括重包装、水煮用包装以及蒸煮用包装的系列产品；在生产规模上，每年以新上近百条无溶剂复合生产的速度迅速发展，也不能不讲这是一个十分惊人的速度，但由于我国过去无溶剂复合的底子薄，根基浅，直到今天，在我国软包装行业中，无溶剂复合在干法复合及无溶剂复合的整个市场中（即采用胶黏剂使膜状基材复合来制备塑料软包装复合材料的市场中）所占比重仍相当有限，估计最多仅在10%左右，其应用的量和无溶剂复合的潜在市场相比，还只是极其微小的一部分；另一方面，无论是无溶剂设备、胶黏剂还是使用无溶剂生产塑料软包装材料的企业，都还存在着技术水平上的很大的差异，不少企业的水平还相当差，亟待不断提高。一些跨国公司如意大利的诺德美克公司，已完成串联式无溶剂复合生产线，能够不间断地进行两次无溶剂复合，在复合机上一次复合出三层结构的塑料软包装材料，而众多本土无溶剂复合设备的生产企业，还只能或主要只生产单放单收型简易无溶剂复合机，种种情况说明，我国的无溶剂复合的发展仍任重而道远。

进一步倡导无溶剂复合工艺，并配之以具体的有效措施，既是对于推广无溶剂复合工艺的需要，也是促进我国的塑料软包装行业最终完成从大到强的转变、促进我国的绿色包装工作的发展做出积极的贡献的必要措施，是摆在我们塑料软包装行业企业家、科技工作者和广大职工目前的一项义不容辞的任务。

二、发展无溶剂复合的一些建议

1. 强化无溶剂复合的宣传工作

　　无溶剂复合本身具有明显的优势是一个不争的事实并已为业内广大同仁的实践所证实，近年来无溶剂复合在我国出现了井喷式的发展，也雄辩地证明了无溶剂复合对于干法复合的巨大的优势。但从当前我国干法复合的应用还大大超过无溶剂复合工艺的现实情况可以看出，无溶剂复合的优势还远远没有完全为业界广大同仁所认识。在我们的包装同仁中，还存在着许多对无溶剂复合不甚了解，或者持怀疑态度的朋友，因此要推进无溶剂复合的发展，进一步宣传无溶剂复合仍然是十分必要的。我们不能沿袭"酒香不怕巷子深"陈旧观念，沉迷于自我欣赏、自鸣得意的状态之中，好的东西更需要给予大力宣传以扩大影响，让它为更多的人所熟知、所接受，这样才能让他为人类社会做出更大的贡献。从我国的现实情况看，在东部沿海特别是广东地区，对无溶剂复合工艺的宣传力度较大，人们对无溶剂复合分知晓度较高，无溶剂复合的发展速度也比较快，应用比较多，成效也较为显著，而中西部地区的宣传工作做得相对地差一些，无溶剂复合的发展也相对地比较缓慢，这也告诉我们，一定要改变观念、重视宣传，加快步伐，进一步推进无溶剂复合工艺的发展。

2. 做好教育培训工作

　　优良的无溶剂设备和优良的无溶剂胶黏剂是无溶剂复合工艺得以生产出优质塑料软包装材料的物质基础，没有优良的无溶剂设备和优良的无溶剂胶黏剂，是肯定不能生产出优质的塑料软包装材料的，但如果没有相应的高素质的管理和生产技术的支撑，只有优良的无溶剂设备和优良的无溶剂胶黏剂，也是绝对不可能生产出优质的产品的，何况优良的无溶剂设备和优良的无溶剂胶黏剂，也是依靠高素质的科技人员和工人创造出来的，因此企业之间的竞争，归根到底最终将体现为人与人之间的竞争。培养、提高人的科技水准是我们发展生产的第一要务，也是发展无溶剂复合工艺的第一要务，我们决不能把发展无溶剂复合，过多地寄托在优良的无溶剂设备和优良的无溶剂胶黏剂的研发上，还要充分重视人的科技水平与技能在发展无溶剂复合工艺中的主导作用，尽快把无溶剂复合的相关内容应当纳入大专院校的教学大纲之中，特别是要尽快纳入以培养既能动脑又能动手的"灰领"精英的相关职业大学及中等专科学校的教学内容之中。

　　鉴于无溶剂复合当前和之后的一个相当长的时间里，无溶剂复合将有一个飞速发展的过程以及大专院校的教学容量有限的事实，除了依靠高等院校培养人才之外，还应该高度重视对广大科技人员和职工的在职培训，在这方面，教育机构、相关协会与学会应当挖掘潜力，通过短期培训、技术交流等各种不同的形式，发挥积极的作用。

3. 不断提升无溶剂复合生产设备的水平

无溶剂复合设备生产单位，要不断提升产品的科技水平，目前我国国内生产供应无溶剂复合生产线的单位，在社会上有一定名气有一定影响的已有一二十家之多，其发展是令人欣慰的，但无溶剂复合设备生产单位技术水准，差异很大，应当把提升整体水平和创造新品的工作很好地结合起来。

(1) 加快实现无溶剂复合由单放单收型向双向双收型的转变 大多数单位所生产的产品基本上还局限于或主要局限于单放、单收的简易型无溶剂复合生产线，生产过程中，需要经常停机换卷，不仅工人的劳动强度大、需要的操作工人多，而且导致大量的机器产能放空，而且对于产品质量的稳定性，也十分不利；随着我国人口老化日趋严重，社会劳动力也日渐短缺、劳动力的成本不断提升的情况下，这种单放单收的无溶剂生产线的耗用劳动力多的缺点日渐突出，需要逐步创造条件，提升无溶剂复合生产线的水平，首先要争取早日普及双放双收型无溶剂复合生产线的普及与应用。

(2) 着力提高供胶混胶机的质量稳定性 供胶混胶系统，既是无溶剂复合机的一个外围装置，又是一个保障无溶剂复合稳定性运行的核心部件，应当对供胶混胶系统给以高度的重视，进一步提高无溶剂复合用供胶、混胶机的系统稳定性。

(3) 利用网络技术提升无溶剂复合设备 有条件的无溶剂设备生产单位，还应当创造条件，把无溶剂设备的生产和网络技术结合起来，开发无溶剂复合生产线的远程诊断功能、提供远程服务，帮助新上无溶剂复合项目的企业，解决生产中出现的种种问题。

4. 加速无溶剂胶黏剂新品的开发研究工作

(1) 加速功能性无溶剂胶黏剂的开发研究 无溶剂复合工艺和干法复合工艺相比，目前在产品的适用范围方面，还存在很大的差异。许多干法复合所能够生产的产品，如耐135℃高温蒸煮的复合薄膜、农药包装用复合薄膜等，我们都还不能采用无溶剂复合工艺生产，其原因主要在于缺少相应的功能性无溶剂胶黏剂的生产。大力开展功能性无溶剂胶黏剂的工作，是拓宽无溶剂复合产品的应用面、促进无溶剂复合工艺迅速增长的一个强大的助推力，另一方面也是胶黏剂生产企业提升自身产品能级、改善经济效益、提高生产竞争力的一个有效的抓手，希望无溶剂复合胶黏剂的生产单位，应当高度重视这一工作。

胶黏剂生产和研究单位，应当在稳定、提高现有产品的同时，着力于功能性无溶剂胶黏剂的开发工作，尤其是耐高温蒸煮的铝塑型复合薄膜的无溶剂胶黏剂和农药等商品包装用复合薄膜的抗介质型无溶剂胶黏剂的开发工作，应尽快启动。

（2）提高无溶剂胶黏剂的卫生适应性 众所周知，塑料软包装的最大应用领域是食品包装与药品包装，复合薄膜的卫生安全性至关重要，无溶剂胶黏剂的卫生安全适用性，也必须摆在一个重要的位置，目前部分无溶剂胶黏剂的生产企业，已开发出初级芳香胺快速衰减型无溶剂胶黏剂，对于改善无溶剂胶黏剂的卫生性能，起到了良好的作用，要进一步发展初级芳香胺快速衰减型无溶剂胶黏剂的生产，满足食品、药品类商品包装的需要，同时要创造条件，开发脂肪族聚氨酯类无溶剂胶黏剂，彻底消除初级芳香胺的可能存在，对食品、药品包装可能带来的负面影响。

5. 倡导强强联合，促进无溶剂复合的发展

无溶剂复合的生产，集设备、胶黏剂和工艺于一体，需要设备、胶黏剂和工艺各方的支持与合作。实践证明，如三者结合得好，相互取长补短，将事半而功倍，取得很好的实效。比如意大利的诺德美克公司与德国汉高公司的合作；广州通泽与上海康达公司的合作对于推广无溶剂复合的工作，都取得了令人瞩目的实效。除了设备生产单位与胶黏剂生产单位的合作之外，设备生产单位与设备生产单位的合作、胶黏剂生产单位与胶黏剂生产单位的合作，也是应当大力合作的，而且如果合作得好，将可能起到更大的倍增器的作用，当然囿于同行是冤家的陈腐观念，同行之间的利益瓜葛，同行之间的合作是比较困难的，需要逐渐摸索出一套双赢的合作模式。不过笔者认为，在为行业作贡献前提下，只要大家有双赢的思想基础，总有办法克服合作的种种障碍，摸索出一套好的模式，比如特定品牌授权生产（或代销）与效益共享的探索，新产品的联合开发等，由现在单一的单打独斗逐步过渡到合作经营的新模式。

参考文献

[1] 於亚丰.无溶剂复合到底能省多少钱//无溶剂复合工艺特刊.广东包装，2013，12：69-70.

[2] 吕玲.无溶剂复合提升差异化价值——访哈尔滨鹏程塑料彩印有限公司总经理王晓明.印刷技术，2013，（2）：46-47.

[3] 段婷婷.应用无溶剂复合技术，打造绿色竞争力——访盈彩彩印实业有限公司总经理冯富强.印刷技术，2012，（24）：37-38.

[4] 邢顺川，张世宽.无溶剂复合实践论略.塑料包装，2012，（3）：28-30.

[5] 陈昌杰.再论无溶剂复合工艺.全球软包装工业，2011，（5）：60-62.

[6] 姜楠楠.无溶剂复合的优势及应用分析.塑料包装，2011，（1）：35-37.

[7] 胡洪国等.无溶剂复合的应用及其产品.中国包装报，2010-9-13(7).

[8] 王建清，张仲石.环保、经济的复合技术——无溶剂复合.包装世界，2010，（7）：40-43.

[9] 左光申.新阶段如何加快无溶剂复合工艺在我国的推广.印刷技术，2010，（14）：30-32.

[10] 张仲实.无溶剂复合设备及工艺.国外塑料，2009，（10）：42-45.

[11] 陈昌杰.无溶剂复合——一种值得高度关注的生产工艺.塑料包装，2005，（6）：23-28.